U0861997

How to Forgive When You Can't

放下的力量

如何更好地控制你的应激反应，处理不安和伤痛

[美]吉姆·丁克奇 著　陶莎 译

广西科学技术出版社

著作权合同登记号 桂图登字：20-2013-260号

图书在版编目（CIP）数据

放下的力量：如何更好地控制你的应激反应，处理不安和伤痛 / (美) 吉姆·丁克奇 (Jim Dincalci) 著；陶莎译. —南宁：广西科学技术出版社，2022.5
ISBN 978-7-5551-1290-7

Ⅰ.①放… Ⅱ.①吉… ②陶… Ⅲ.①心理学—通俗读物 Ⅳ.①B84-49

中国版本图书馆CIP数据核字（2022）第046634号

FANGXIA DE LILIANG: RUHE GENGHAO DE KONGZHI NI DE YINGJI FANYING, CHULI BU'AN HE SHANGTONG

放下的力量：如何更好地控制你的应激反应，处理不安和伤痛

[美]吉姆·丁克奇 著　　陶莎 译

策划编辑：冯 兰　　责任编辑：蒋 伟 冯 兰
助理编辑：常 坤　　责任校对：张思雯
装帧设计：古涧千溪　　责任印制：高定军
版权编辑：尹维娜

出 版 人：卢培钊　　出版发行：广西科学技术出版社
社　　址：广西南宁市东葛路66号　　邮政编码：530023
电　　话：010-58263266-804（北京）　0771-5845660（南宁）
传　　真：0771-5878485（南宁）
网　　址：http://www.ygxm.cn　　在线阅读：http://www.ygxm.cn

经　　销：全国各地新华书店
印　　刷：北京中科印刷有限公司　　邮政编码：101118
地　　址：北京市通州区宋庄工业区1号楼101号
开　　本：880mm × 1240mm　1/32
字　　数：217千字　　印　　张：8.5
版　　次：2022年5月第1版　　印　　次：2022年5月第1次印刷
书　　号：ISBN 978-7-5551-1290-7
定　　价：55.00元

本书献给

我的女儿艾丽卡，以及全世界所有的年轻人，
希望这本书能带你们走向美好的未来。

我的父母格蕾丝和托尼，
我想我会一直想念你们。

让我母亲的人生更加丰富的丽塔，
以及所有关爱他人的人们，
希望这本书能使你们的心情轻松愉悦。

最后还将本书献给所有经历过可怕创伤的人，
希望这本书能帮助你们获得平静。

序言

我是斯坦福大学原谅项目的主任，曾写过两本有关原谅的畅销书——《原谅的好处：健康和幸福的科学处方》（*Forgive for Good: A Proven Prescription for Health and Happiness*）和《为爱原谅：健康和长久关系的失落元素》（*Forgive for Love: The Missing Ingredient for A Healthy and Lasting Relationship*），我的科研成果帮助了来自世界各地的人们学会如何原谅他人。吉姆·丁克奇是我在该领域的同行，他是还没有在《纽约时报》开设专栏的几位专家之一，而我的研究成果之所以被刊登在《纽约时报》的专栏和其他各大媒体上，部分原因是我在原谅方面的研究都是在斯坦福大学里进行的。吉姆不同，他对原谅的研究来自他毕生的经验、帮助他人的初衷和他全方位的教育背景。但不管怎样，我们研究的成果是一样的，我们都站在同一个讲台前宣讲原谅的学问。

这是一本特别好的关于原谅的书——思路清晰、实用有益、充满智慧，任何受到过伤害或者委屈的人来读这本书都会有所收获。我推荐这本书，既由于书本身，也由于它的作者是吉姆。我认识吉姆已经超过 10 年。自从我们第一次相见，他在我的印象中就一直是一位非常真诚的人，并且对帮助他人学会原谅秉持着坚定的信念。

我们初次相遇是在加利福尼亚州的索诺玛，当时我要在他家附近的一个书店演讲。活动开始前吉姆约我见面，于是我们一起吃了饭散了步，并且就原谅的问题聊了许久。当时我们讨论了面对创伤时的心理投射防御机制。他跟我说，我们可以通过以下两步来做到永久的、彻底的原谅，我觉得他说的很有道理，而且非常有创意：

1. 收回心理投射（原谅别人，因为我们也曾有过相似的行为，做过同样的事情）。

2. 进行自我原谅，这样就不必将内疚之情通过责怪的方式投射到他人身上。

吉姆是我认识的唯一一个在大学体系外全职研究原谅课题的学者。记得我最近一次和吉姆见面是在美国东海岸，我们又一次边吃饭边就原谅与人生的关系问题聊了很久。我再一次发现，我们在这一话题上的看法高度一致，而且吉姆对致力于帮助人们学会如何放下充满了真诚。

这本书不仅有很强的心理学基底，而且吉姆加入了一个非宗教的灵性方面的角度，因此他的书可以广为临床治疗师、律师和心理咨询师等所用。正如吉姆在书的第一章所提到的，他开始设计实用手册，指导人们帮助他人学会放下，并且也帮助他们自己践行原谅。他花了 9 年的时间，总结了他在教学上的所有发现来完成这本书。吉姆很清楚他对原谅研究的愿景是他毕生的动力，这本书正是他研究成果的证明。

这并不是一本浅薄的原谅指导书，而是一本经过仔细斟酌的、完整的学术书目，是作者努力付出的结果。这本书是为那些真正想治愈他们的心灵伤疤，并且愿意为此付出努力的人而作的。同时，它也适用于有关专业人士，让他们可以帮助来访者解决有关原谅的问题，使客户们的生活更加平静美好、富足丰盈。

弗雷德·鲁斯金博士（*Dr. Fred Luskin*）

第 4 版介绍

我已经从事有关原谅、压力管理、冲突处理、与矛盾和解的教学及心理咨询工作长达 25 年，这不仅帮助了我和他人（有时这种帮助的效果是无法估量的），而且正是基于我的这些经验，我才能够在这本书里贯穿真实生活中的案例成果，向读者介绍 40 多种不同的原谅方法。

在这里，我对我所有的学生和来访者表示感谢。读者将在案例中了解到他们的故事，并学习他们的方法。为了保护案例主人公的隐私，我将案例中的名字和故事进行了一些修改，但是案例都是真实的。

本书已经出版发行到第 4 版，现在这个版本相对于前 3 个版本，进行了如下调整和修订：

1. 更新并录入了脑科学的知识。

2. 加入了我认为人们用过的、最为有效的自我肯定冥想方式，这也是对我来说最重要的调整。这个方法是我在处理一个极其困难的原谅案例中发现的，该方法确实非常有效，每一个经我介绍使用它的人都表示这个方法非常强大。我每天都用这种方法来清理心中的不安。这也是一个经研究证实非常有效的冥想方式。

3. 收录了更多关于心理创伤疗愈、创伤后应激障碍、精神损害和复杂性创伤后应激障碍方面的数据，可以为受到创伤的人们提供更多帮助。

4. 解释了接纳现实和原谅他人之间的区别，避免人们对这两个概念产生混淆。

5. 还加入了一些与冲突管理有关的处理方式，有助于你和想继续相处的人之间保持良好的关系。

希望各位读者在你们的原谅之旅中一帆风顺。

吉姆 · 丁克奇

2018 年

于佛罗里达州塔拉哈西

Contents

目录

第二部分
更上一层楼

第三部分
无法原谅背后的真相

第四部分

实际工作

第五部分

疗愈之后

PART.01

第一部分 开启一条不同的道路

· 开篇

· 原谅的机理

· 原谅究竟是什么

· 原谅道路上的重重障碍

· 已证实的原谅的好处

第一章

开篇

“原谅他人就如同释放了一名犯人，然后你发现，

那个犯人其实就是你自己。”

路易斯 · 施密德博士（Dr. Lewis Smedes）

每天幸福快乐、生活充满爱意、人际关系和谐、工作事业顺心、内心平静祥和……这些都是我们想要达成的人生目标。但有时即便我们达成了这些目标，也只是昙花一现、稍纵即逝。这本书就要告诉你其中的原因。

学会放下不仅是达成这些人生目标的关键，而且可以让人们长久地拥有它们。这本书会向你提供很多经过研究证实的方法，它们能够帮助你在看似无法放下的问题上学会原谅。

原谅可以驱散那些一直萦绕在你内心的怨气、憎恨、消极态度和抑郁不安，这些情绪使你失去了爱的能力，并且破坏了你内心的平静。这并不是说被人打了右脸，又让你把左脸凑过去给别人打，[①] 也不是让你忍气吞声与施害者和解，或是纵容他们的所作所为。这些令人糟糕的解读导致人们错误地理解了什么是原谅。

原谅之心，人皆有之。它在部分思想体系中有所体现，是人类经验中必不可少的一部分。它是我们面对战乱纷争、恐怖主义和各类危机时最为重要的工具。

---

① 完整的说法是，有人打了你的右脸，把另一边脸也凑过去由他打。常用于表示大度、宽容，受到伤害后不予回击。——译者注

我接触过的大多数人都承认原谅是一件正确的事情，但是他们大多不知道如何做到。而现在，我们在学习“如何原谅”这一永恒课题的方面进行了深入的科研，并取得了有史以来的第一次重大突破。

无论是心理学还是哲学，都没有对这一课题进行充分的解释。**只有当你自己开始了解自己的心智、情绪和精神的时候，你才能发现自己内心非常重要的方面，而这对学会原谅的过程至关重要。**学会原谅其实是很困难的，因为有很多根本的因素甚至是秘密的方法，我们直到今天都没能充分利用。

请注意：要想充分践行原谅并获得最好的结果，了解前几章有关心理的知识和原谅相关的事实是极为重要的第一步。请不要跳过前面这几章。

通过对前几章知识的了解，你将掌握控制你的应激反应和处理负面情绪的方法。这样一来，你将在生活中重拾爱、同情、欢乐以及生命的活力。并且，你的精神状态也将给你带来面对困境的智慧与内在的动力。

在过去的 30 年里，我收集记录了超过 40 种不同的原谅他人和自我原谅的方法。我曾在学校、医院、公开工作坊和个人咨询机构等教授这些方法。看到人们有所改变，并因此而过上更美好的生活，我感到非常欣慰。

当然，关于原谅，我们并不只是要问“什么方法可以帮我学会放下”，更深层的问题是**“究竟是什么让我无法放下”**。如果一本书只介绍一些方法，不去深究**人们内心的障碍以及阻碍人们原谅他人和自己的态度**，那这本书是没有什么价值的，因为只有深究，才能找到对应的具体方案来帮你跨越心中的障碍。这本书里提供的方法都是非常详尽的。

关于纯粹的恶意

似乎总有一些人在本质上就是邪恶的。他们对自己造成的暴力不会流露任何的悔恨之意，相反，他们或许会在责怪受害者的同时再次犯下罪行。这是不容否认的事实。你可以在监狱里看到很多这样的人。你甚至有可能也是其中一个受害者。

这本书是为了疗愈你和你的内心而写的，而不是为他们。

原谅的步骤与阶段

原谅对于整个社会和我们个人而言都是一个复杂的议题。每个人都是不一样的，每个人选择去原谅的时间也都不同。有些对你有用的方法可能对其他人来说并没有效果。

原谅的第一步是意愿

如果没有意愿去放下，那肯定什么也放不下。当然，你肯定在一定程度上想要去原谅，否则你就不会拿起这本书。如果你觉得其他人或许也需要有关原谅的知识和技巧，那么请继续读下去，你会理解为什么人们没有放下或无法放下。有些人觉得自己在一个集体环境里更容易做到原谅，有些人则习惯和某一个人一起进行，还有些人会从“更高的力量”那里获得原谅的力量。

在学习和教授这一课题的过程中，我发现原谅是一种通过不断提高意识程度和成功水平而逐渐发展的技能。正念（mindfulness），指的是你充分意识到你的脑子里在想什么。这是当下很流行的一个概念，并且有很多相关的研究。本书的每一章都有训练正念的小练习。

“我们可能不知道如何原谅，我们可能也不愿意去原谅。但事实是，当我们说出我们愿意去原谅的时候，我们心灵的疗愈就已经开始了。”

《生命的重建》（*You Can Heal Your Life*），

路易丝·海（Louise Hay）著

本书前几章中提到的问题、信息和见解能帮助你更深刻地理解对放下积怨和愤恨等非常重要的内容。其中的实践练习还可以教你如何运用这些知识。

通过尝试这些建议、回答问题并完成练习，原谅他人和自我的实践将会取得令人惊喜的成效。我把这一过程称为“强效原谅”，因为它就是为了疗愈一生的内疚和怨恨，当然也适用于一些独立的情况。

参加完我的第一节原谅课程后，我的一个好朋友向我咨询能否给他总结一份如何放下的具体步骤。通过这么多年的研究，我认为没有办法做到总结无误。相反，我发现了一系列问题，可以非常有逻辑性地涵盖所有有关原谅的基本内容。这些问题是经过实验和研究而得出的，并且切实有效。这一系列问题便形成了强效原谅疗法（the power forgiveness process）。

强效原谅的核心是放下你的悔恨、内疚与自责。自我原谅与自我同情

是彻底摆脱伤痛的关键。自我原谅之所以必要，是因为你自己的内疚与羞耻感会将你禁锢在消极的情绪和思绪中，而且它们反过来会诱使你认为自己配不上更好的生活。你当然值得过更好的生活！

我的故事与转变

1993 年 7 月，当我开车穿过那片红杉树林回家的时候，我突然意识到我的生活一点意义也没有。从表面上看，我的生活并没有什么问题：我有一个幸福的家庭，一个可爱的女儿，拥有心理咨询专业的硕士学位，还有一帮支持我的朋友。但是，我始终觉得我完全没能成为我儿时梦想要成为的那类人。多年来对我至关重要并且是我安全感来源的我的精神家园，突然消失了。

尽管我从 20 世纪 60 年代起就学习研究了不同的心理学流派和各类疗愈方法，并且最终成为研究生院的讲师，但我仍旧帮不了我自己。我不知道要如何开始。多年来，我的生活充满了怨恨、愤怒和仇恨，对此我习以为常。即便是我到了人生最低谷的时候，我也并不觉得这有什么问题。我接受了那些老套的理由，早些年间我曾在一个邪恶的军国主义组织里受到过创伤和虐待，这些伤痛我一直没有放下。

最后，在一个极度绝望的时刻，我发现我的这些怒火其实正在摧毁我，它并没有给我的生活带来任何积极有效的能量。当我处在人生低谷的时候，我四处寻求帮助，翻阅了很多有关心理学和灵性方面的书籍。在这个过程中，我清楚地发现，**要想获得我所向往的无上的爱，我必须学会放下**。

事实上，放下心中的每一点伤痛似乎是我唯一的出路。我多年来在对内心的探索过程中所发展出来的技能在这时发挥了作用，帮助我去理解如何原谅他人与自我。

我花了几个小时把内心的不安与伤痛都写了下来，这些超过30页的单行文字记录不成句子、不分段落，只有那些曾经伤害过我的人的名字、所处的情形或机构，以及他们对我犯下的罪行。经过了几个小时的独处，我终于可以放下每一段困扰我的不安与伤痛。随之一起消失的，是我积攒了一辈子的怨恨、愤怒和仇恨。这一改变犹如奇迹一般，我的幸福感和对生命的感激之情又回来了，我的灵魂得到了解放。我可以感受到周围的爱，也能散发我的爱，这一感觉在接下来的8年里一直伴随着我。

在我跟保罗·柯艾略（Paulo Coelho）聊他的作品《我坐在彼德拉河畔，哭泣》时，他也提及了类似的经历："一天早上，在从加利福尼亚州死亡谷前往亚利桑那州图森市的途中，我在脑海里列了一个名单。名单里记录了所有我认为曾经伤害过我而被我记恨在心的人，然后我在心中一个一个地原谅了他们。6个小时之后，当我到达图森市时，我的灵魂感到轻松了，我的生命也变得更加美好。"

寻找可行的方法

从此，我便开始了一段帮助他人学会放下他们的怨恨、愤怒和仇恨的旅程。1996年，当我刚开始教授原谅原则的时候，我相信我自己的经历可以改变整个世界。但事实上大多数人并不理解我在说些什么。从这种失望之中，我开始寻找真正有效可行的方法，帮助别人学会放下。

我不断在大学课堂、公开研讨会以及我的私人心理咨询实践中教授如何去原谅。我同时也在不断学习哪些方法有用，哪些方法没用。我尽自己最大可能去阅读所有有关原谅这一课题的研究资料、书籍和文章。我的研究成果便是强效原谅疗法，这是一个当下可以帮助人们放下心中由于过往经历而残留下来的愤怒、怨恨、仇恨和恐惧的最全面的系统。这本书里面的观点、个案分析和小练习会引导你学会原谅，甚至最恶劣的事情都可以放下。这本书和强效原谅疗法不仅可以被用来处理单个的复杂难题，也可以用来从源头消除积压了一辈子的负面情绪。

在践行原谅的时候，不要急于把所有问题都一次性解决。如果感觉不对的话，就不要坚持进行了。先放松一下情绪，再接着进行下一个步骤或事项。**了解自己所处的状态是疗愈过程的核心。休息、回忆和释放都是疗愈过程里必不可少的。你要对自己保持耐心**。在这本书里，你会学到帮你避免走弯路的方法，比如认识否认、压抑、责备、酒精与成瘾药物的危害，直到你可以直面问题并且学会放下。

“如果你身陷地狱，那么就继续前行。”

温斯顿·丘吉尔（*Winston Churchill*）

总结

这本书收录了来自心理学并且被实验证实的方法，还有经得起时间考验的灵修实践，以及各类资源和不同的视角，使得人们可以跨过阻碍他们去原谅的情感障碍。正因为如此，这本书使原谅变成可能。书里还介绍了人脑的生理结构和情感的自我防御机制，帮助你更深刻地理解为什么学会原谅是一件那么困难的事情，以及如何简化这一过程。

请按照顺序阅读本书，这可以帮助你理解我们的大脑为什么以及如何抓住有害的思想不放。你的任务是回答书中的问题以及完成书中的练习。如果你这样做，那些困扰你一生的痛苦便会消失，你可以享受到多年来都未曾享受过的自由。

“学会放下”不仅在精神和情绪上很重要，而且对于社交方面来说也必不可少，这是我们人类拉近相互关系、感受神圣理想的爱与和平的终极选择。它也许是一剂神奇的解药，可以治愈如暴力和成瘾等社会问题，以及充满愤怒或内疚的情况。

你可以采纳本书中的视角和方法：

1. 你将学会如何放下愤怒、怨恨、消极感受和恶意的态度。

2. 你将会在生活中收获更多的平静和愉悦。

3. 你的生活会变得更加美好，因为你将理解在何时去原谅、何地去原谅以及如何去原谅。

“真正的原谅是跟过去打交道，只有直面所有的过去，才能创造更好的未来。我们不能继续助长怨念的肆意发展，即便是间接地替那些不能为自己说话的人伸张正义也不行。我们必须接受我们所做的一切是为了上一代、这一代以及未来世世代代的人们。”

《没有原谅就没有未来》（*No Future Without Forgiveness*），

戴斯蒙德 · 图图（Desmond Tutu）著

希望你们所有的心愿都能成真。祝愿你们在阅读本书的过程中可以收获满满。

第二章

原谅的机理

对于改善你的人际关系和疗愈你的人生而言，原谅可谓是最有力的举措。拥有原谅之心可以让你更好地面对灾难和创伤，从而达到真正的治愈。

我听说过这样一个故事。有的猎人在捕杀小猴子的时候会使用一个葫芦，他们会在葫芦里放一些花生，并且在葫芦上凿一个洞，大小刚好可以让小猴子把手伸进去。他们会把葫芦拴在一棵树上，然后离开。当猎人们回来的时候，他们发现很多小猴子因为不愿意松开手里的花生而被困在那里。这正如我们紧紧抓住怨恨和那些不愿放下的伤害对我们造成的影响。我们紧紧攥着那禁锢了我们心智的“小小花生”，使得爱、平静和愉悦无法进入我们的生活中。

为什么我们会抓住“花生”不放？究竟是怎样的消极思维模式和情绪阻止了我们去放下？为什么我们会听从它们的指挥？如果我们可以回答这些问题，那么我们就真正拥有了学会原谅的工具。

最鲜为人知的秘密

幸运的是，近些年来关于原谅的研究可谓百花齐放。这些研究表明，原谅可以带给我们许多情感上甚至是生理上的好处。大脑方面的研究也指出了那些阻碍或是延缓原谅的心理系统与情感模式。心理学也发现了意识存放那些过去的、被抑制的情绪特征（比如愤怒和仇恨）的运行机制。我们从中学到了很多关于大脑如何运转，以及它如何伤害我们的知识。所以，现在我们可以通过不同的视角和方法帮助我们更容易地学会放下。

虽然现在有了很多关于原谅的新的理解以及一些显著的研究成果，但从整体上看，心理学还是忽视了原谅的力量。斯坦福大学已退休心理学和精神病学教授，同时也是斯坦福大学原谅项目研究员的卡尔·托勒森博士（Dr. Carl Thoresen），把原谅称为“最鲜为人知的秘密之一”。托勒森博士还表示，他和他的同事们“几乎没有遇见过真正理解原谅的含义，并知道它如何运作的人”。为什么会这样呢？有一个猜想是，在 19 世纪中后期，大多数心理学家尤其是弗洛伊德，排斥教派的控制以及他们对精神健康的解读。正因为如此，原谅这一课题在专业治疗领域是缺失的，这样的状况一直持续至今。

想要找一个真正理解原谅的治疗师或医生谈何容易。我写这本书的一个原因，就是想协助这些专业人士更好地帮人们学会如何放下。

我们在原谅方面一直欠缺系统和深入的研究，在长期欠缺严谨的科学理论和指导方法的情况下，告诉人们如何去原谅，并不能达到应有的效果。想要达到应有的效果，就需要采用这本书里所摘录的诸多当下可行的原谅方法。

对于接受和原谅的澄清

几年前，我在洛杉矶 NPR 广播接受采访的时候，曾经对这两个话题进行过讨论。

接受对方是原谅过程中必不可少的，因为你需要现实地考虑所处的情形和与伤痛相关的情感，但是这些并不一定能直接产生原谅。

对接受（accept）最好的解释是我在 learner's dictionary 网站上找到的。定义如下：

1. 对（真实或必要的）事情不否认、不拒绝，虽然事实有时候很难让人接受。

2. 承认你所做的或应该做到的（比如接受责备或承担责任），例如接受责备或“我接受对这次事故负责”。

你可能接受了所发生的一切，甚至接受了责备和应承担的责任，但依旧没有感觉到被他人原谅或是可以去原谅他人。**真正的原谅可以让你释放心中的烦恼和伤痛。在理解和同情的同时，接受可以让你更容易做到原谅。有效的原谅可以化解烦恼，所以你将不再受到任何负面情绪的影响。**

关于接受的问题是，你可以承认伤痛的存在，但是选择避开它。我知道很多人会有意地选择避开或否认伤痛带来的负面影响。对一些人来说，这可能是有用的。我见过有些人完全接受了他们的心理状态和心情的抑郁，然后“完全接受地”深陷其中。从我的经验来看，当你的抑郁完全化解之后，才能真正地、彻底地做到原谅。我们在书中会进一步阐述这一点。

这里有一段摘自《AA 大书》（*The AA Big Book*）[①] 的话，它描述了接受的最佳状态：**“接受可以让我面对所有的问题。当我感到焦虑的时候，通常是因为我发现自己不能接受生活中的一些人、地方、事情或情形，直到我完全接受了它们，我才能获得心灵上的安宁。除非我完完全全接受生活，否则我将无法获得快乐。我不需要再纠结这个世界上有什么需要改变，而是关注我自己的态度需要发生怎样的改变。”**

这种类型的接受可以让我们自愿原谅。但是，原谅——释放烦恼——才是我们需要的改变。原谅可以让我们的身心远离烦恼，也可以让我们回到自然的状态。当我通过原谅完成了自己的转变之后，我连冥想都更加深刻了。

原谅的种类

对于一些人来说，与其考虑所有的消极影响，不如直接选择去原谅来得更容易。但这其实是很困难的，我称其为直接原谅（direct forgiveness）。这种做法通常来源于对神圣的原谅和爱的信仰。我们大多数人都无法做到直接选择去原谅。实际上，直接原谅在大多数情况下几乎是不可能的。

如果一个人内心受伤很深的话，直接原谅通常是十分困难的。如果仅仅是决定去原谅，那么得到的结果很可能是虚假的原谅（false forgiveness），

① 本书原名为 *Alcoholics Anonymous*，中文直译为《匿名酗酒者》，被嗜酒者互诫协会（又称戒酒无名会，英文为 Alcoholics Anonymous，简称 AA）奉为经典。该书早期版本又大又厚，同时又为了与协会名称有所区分，因此被通称为“大书”。——译者注

这种情况的实质是你内心希望能够放下，但实际上还心怀怨恨，而且甚至可能会寻求报复。**如果你决定去原谅但又不去疏导整理自己的内心，那你可能会经历不断反复的过程，因为你的情绪还没有得到完全的释放。**

现如今，大多数对原谅的研究、治疗和心理咨询都以劝说人们选择原谅为目标。本书则写给那些无法轻易下决心放下的人们，介绍如何永久性地解决内心的怨恨和愧疚。在继续阅读的过程中，你会发现内心的不安情绪在慢慢发生改变，从而彻底放下。

关于原谅的误解

一些权威大学在研究原谅这一课题时，主要针对的是那些阻碍我们放下的错误观念。在本书的第四章，我收集整理了许多这些错误且有害的观念，这些谬论误导了人们对原谅的看法，让人们不能很好地利用它。

关于原谅有 5 个最重大的误解。这些观念认为，原谅是：

1. 需要道歉。
2. 赦免恶意行为。
3. 源自内心的脆弱。
4. 要求你和另一方和解。
5. 导致你再次受伤害，因为你要“把另一边脸也凑过去”。

在我们的文化中，这些观念似乎很受赞同。但是，原谅不代表要纵容邪恶或错误的做法，也不是要求你去与之和解。**原谅并不是一种示弱的表现，更不需要你去道歉。它只是鼓励你放下伤害你的不安感，给自己和他人设置一条确保你不受伤害的保护线。**

真正的原谅将解放你的心灵和灵魂。一个被家暴的女人应该原谅她的丈夫并容忍他继续施暴吗？当然不行！在本书余下的章节里，我们会介绍哪些方法有用，哪些方法没有用。这样，你将会学习如何在困难的情形下选择原谅。

要想克服那些错误的观念，你必须知道关于人类生存机制的完全相反的两个方法：一个是攻击那些威胁我们的人，比如敌人；另一个则是去关爱我们身边的人，比如家人、朋友和爱人。

但上述两个方法并不像我们想的那样稳定。有时，朋友或伴侣也会被当作敌人。**如果没有原谅，那么“敌人”的标签就会被不断放大**。通常的做法是，当一个朋友变成敌人的时候，比如涉及法律问题或是离婚的情况，依旧要在心中保存一丝谅解之意。

原谅之争

关于是否应该去原谅，这个争辩持续了很久很久。我们的媒体里也总是充斥着复仇而非原谅的字眼。这主要是由之前提到的那两个关于生存机制的方法造成的，是我们最高级的真正自我与最基本的生存自我的割裂。但这两种自我都是我们的一部分，前者赋予了我们最崇高的愿景、共同体目标以及和平与善意，后者则为了保护我们设置了各种心理防线。但是，当生存自我处于主导地位的时候，便会使我们感到孤立、沮丧并产生复仇的想法。

要想超越最基本的生存自我，你需要理解它的形成机制，这样你最高级的真正自我便可以在生活中起主导作用，让你享受生活的美好，保持清晰的思路，互助互爱并创造和平。

由于我在医学和科学方面有着较为扎实的研究基础，我开始去学习最新的大脑研究。这一研究给我们提供了突破性的见解，帮助我们理解为什么我们为之所为、言之所言，尤其是在高压的环境中。在对大脑应激反应有基本了解之后，我的许多学生都可以做到全面原谅。

我之所以提出这一点，是因为这对践行原谅至关重要，同时也可以帮我们理解生活中可能发生的事情。这对任何人去面对一个怨气满满的人都很有帮助。

如果你行舟河上，却不知道哪里有障碍、沙堤和沉船残骸，那么这些威胁终究会不可避免地伤害到你。这本书则是你的航行图，为你在汹涌的人生之河上提供导航，帮助你安全、满意地抵达人生彼岸。

心理创伤与高强压力的影响

我在研究中发现，**一个人无法去原谅，通常是因为他还在经受心理创伤、高强压力的痛苦**。要想使原谅疗愈获得成功，我们必须首先面对这些痛苦。**把别人带来的心理创伤或是给别人造成的创伤统统放下，是基本的原则**。在后面几章里，我会介绍如何应对这种感觉。许多年前的可怕遭遇直到今天仍然会对一个人产生深远的影响。那些参加过伊拉克战争的退伍军人的自杀率是普通美国人的两倍。“他们是人们不常听说的战争伤亡。”另外，当过兵的人比没当过兵的人的自杀率也要高一些。事实上，参加过越战的退伍军人的自杀率比实际战场上的伤亡率更高。

理解我们的反应

导致老兵自杀率高居不下的重要因素，是他们被那些关于原谅的谬论引发的争议所误导，并且相信在处于极端压力的情况下，人们是无法去选择原谅的。为了理解这一现象，我们必须首先了解人脑在压力之下是如何运转的。

目前的大脑研究已经在以下方面获得了重要突破：

1. 我们行为背后的原因。

2. 为什么压力会激发我们的异常反应。

3. 如何面对应激反应，从而使我们的行为更加得体。

大多数人都知道大脑是一个信息处理器，会对我们的各种思维、念头和身体功能进行处理加工。当你试图去原谅非常恶劣的行为时，你需要对这一点有更深入的理解。事实上，很多人目前对大脑的理解限制了他们去原谅的能力。

大脑应激反应的影响还尚未得到充分或应有的关注。更加熟悉压力如何对我们的大脑功能产生消极影响，可以改善我们对他人乃至生命的态度。这种更深层次的理解和由此产生的对他人的同情心，并不是为你的遭遇找个正当的理由，但这可以帮助你放下烦恼，恢复内心的平静。

其实，我们无时无刻不在原谅自己或他人犯下的错误，因为我们都知道“金无足赤，人无完人”的道理。正因为人们可以很自然地做到“大人不记小人过”，所以我们在街道上、城市里以及工作场合中都能相对和睦地与他人相处。如果不是这样的话，我们的生活将充满混乱和暴力。如果不是被大脑中的应激系统所困，原谅对我们来说是很正常的行为。我们越被限制，就越不可能放下积怨。

压力越大，意味着越难去原谅，但谅解对于任何与人打交道的行业来说都是成功的根本，而且自我原谅对于任何个人事业来说都是必不可少的。当你了解了生存机制给我们带来的影响时，你就可以从另一个角度来看待生活中负面的事情了。

当伤害发生时，如果你的大脑由于处在高强压力下而不断出现类似失去工作、财产或所爱之人的消极想法，那么原谅将会变得更加困难。这是因为，所有关于未来的不好的联想都已经与压力紧密地联系在了一起。所以，哪怕是很多年之后，只要你回忆起这件事，就会引发如洪水般强烈的情绪波动。自然而然地，人们便尽量不去回忆这些痛苦。

但是，避免回忆并不是最好的做法，因为这些烦恼就潜伏在你的潜意识中，消极地操控着你的人生。**很多没有被放下、没有和解的事件会在不知不觉中使你的大脑长期处于被损害的状态**。如果再加上由于担心可能丢失工作、家庭和爱人而带来的长期压力，你的状况就会变得更加绝望。但实际上大可不必如此。学会原谅就是一条很棒的出路。继续读下去，你就会找到你所寻求的答案。

大脑的战争

20世纪60—70年代的大脑研究表明，我们的大脑似乎有三套操作系统。虽然现代研究表明事实并非如此，但是早期研究中所指出的逆向反应确实存在于我们的大脑结构中。从整体上看，我们大脑结构中的不同部分相互协作，才能使我们以最佳状态进行思考、感受幸福以及获得成就。只有在安全的环境中，我们的大脑才能更好地发挥作用。安全感让我们的大脑运作像交响乐一般，而非一片狼藉的战场。当我们被压力、恐惧吞噬之时，也就是大脑的战争开始之时。

自古以来，我们的大脑结构已经适应了周围的环境，并不断发展进化。然而现如今，与哺乳动物和爬行动物类似，我们仍然残留着远古祖先遗留下来的生理反应。这些适应性的早期脑系统（包括本能脑和情绪脑）不仅可以帮助我们生存下来，而且使我们具备了必不可少的社交能力，甚至包括去感受爱的能力。但是，在我们受到威胁或是陷入绝望的时候，“原始”的早期脑系统就会掌管我们较新的大脑思维部门，也就是新皮层。

新皮层是我们脑结构里最大的一部分，它控制着我们的语言、逻辑、分析能力，以及对我们来说非常重要的原谅能力。当我们大脑的新皮层停止工作的时候，我们会丧失清晰思考、理智言谈和处理问题的能力，早期脑系统就会处于紧急生存模式，我们就会马上出现包括战斗、逃跑或僵住等在内的应激反应，

在压力状态下，处于生存模式的早期脑系统将会占据主导地位，从而导致我们做出后悔的决定以及不当的行为。在远古时期，为了生存，我们必须快速反应，没有时间思索、行动或说话。然而在现代文化中，我们这类生存反应通常会被看作不合时宜的举动，并不能带来积极的结果。

伊萨克是一个平易近人的小伙子，对身边的同事，他总是面带微笑并且乐于提供帮助。但是，自从他的女儿被诊断患有癌症之后，他整个人都变了，不仅工作上不尽如人意，性格还变得十分暴躁，时常因为琐碎的小事就向同事大发雷霆，整个办公室因此都陷入一团混乱之中。后来大家了解到伊萨克家里发生的难事，纷纷伸出援助之手，帮助伊萨克挺过了刚开始最困难的几周。

每当我们面对紧急事件的时候，我们大脑早期的反应机制会激活交感神经系统，触发特定的身体反应，其表征便是紧张。除了一些典型的即时反应，比如心跳加速、肌肉紧张、视觉障碍，我们在情绪上的反应也是紧张的表现，比如害怕到想要逃跑、生气到想要打人、紧张麻木以及感到困惑以致无法做任何事情。

每个人对压力的承受能力是不一样的。当我们受到的压力超过了一定限度时，交感神经系统便会被全部激活。早期脑系统会让我们一直处于紧

张的压力状态下，直到我们重新获得安全感。

要想恢复真正的自我，你必须要有安全感，你的应激系统才能获得平静。但是，如果你没法获得安全感，或者在家里和单位没有一个让你觉得安全的地方，那么你将很难不受交感神经系统的支配，这还可能进一步导致当今社会上泛滥的暴力和虐待问题。我们将讨论很多有用的方法，这些方法行之有效，可以帮助你冷静下来、学会思考，从而开始原谅的第一步。

让焦虑的神经镇定下来

美国国立卫生研究院（US National Institutes of Health）的研究员保罗·迈克里恩博士（Dr. Paul MacLean）将我们早期的大脑称为“爬行动物脑”（the reptilian brain）。尽管现在看来这样的名字并不恰当，但是却指出了我们的应激反应可以演变成一个长期的隐患，而不是一次孤立的反应。其结果就是让我们饱受恐惧、愤怒以及其他诸多负面情绪的毒害。**原谅是帮我们走出这一恶性循环的重要选择**。

请注意：当你在回想起伤痛的时候，那些难受的情绪将会再次浮现，或许会让你不愿继续。这只是内心由于恐惧而放出的烟幕弹。依据自然法则，被追逐的猎物总是会选择逃跑。当痛苦的回忆总是无情地缠着你不放的时候，进攻往往是最好的防守。当你下定决心要铲除心魔、正面迎击它们的时候，它们将失去伤害或恐吓你的能力。

有时候，仅仅是产生了面对我们最痛苦的经历的念头，就会把我们打败。但是，我们越是逃避心魔，心魔就会变得越强大。曾经保护过我们的心理防御机制，现在成了阻碍我们改变这一长期反应模式的绊脚石，而只有打破这一模式，我们才能真正地活着。

恐惧是我们应激系统的驱动力，它不仅阻止我们去原谅，而且还抹杀

了生活的乐趣。在我们的生活中，恐惧无处不在——对失业的恐惧、对消费的恐惧、对无家可归的恐惧、对未来的恐惧以及各种其他的恐惧，这些都是我们的现实。但是，想过上更好的生活，我们就必须走出恐惧。无论我们选择原谅与否，恐惧都必须被打败。

我们都知道，当人们处于胆怯状态时是没法发挥出最佳水平的。你也许见过那些表现出畏缩害怕的人很难获得他们想要的工作。表现出恐惧既不能从别人那里获得信心，也不会吸引他人。有一些人会用食物、药物和酒精来麻痹内心的恐惧，这些方法都非常糟糕，而且不是长久之计。有很多方法可以平息内心的恐惧，我们不必滥用一些会带来更大伤害的物质。

为了过上像样的、丰富的生活，持续的大脑应激反应必须得到解决。当然，你会说："当我还要想着如何去支付各种生活开销、为小孩提供吃穿、供养整个家庭的时候，怎么去处理大脑里这些消极的应激反应呢？"我理解这方面的挑战。我只是想提醒你，你那些看似正常的大脑应激反应并不能给你带来最好的影响，当然也不会给你周围的人带来多大好处，尤其是对小孩。这本书会引导你做出必要的改变。希望是存在的。

现在，你要知道你的脑子远远比你想到的还要复杂得多。在压力之下，理性可能会很容易地被强烈的情感和冲动取代，导致一些"非人类"的举动。这是因为逻辑思维、处理及分析问题的能力是相对较新的大脑功能。当早期的大脑功能起主导作用的时候，常常伴随着困难甚至混乱的发生。我们能从大规模枪击事件、恐怖袭击以及战争创伤中看到这一点，从抑郁症、绝望以及激增的自杀人数上也能隐约看到。

原谅可以帮助人们平复恐惧的内心。当"战斗或逃跑"机制在主动地控制我们的大脑时，要想做到原谅并不容易。你可以通过寻找一个安全的地方，来重新获得掌控权。这个安全的地方可以在你心里，也可以是在你周围现实环境中的让你感到安全的地方。

有很多方法都可以使你内心平静下来，比如冥想、反思、参观古建筑、向亲近的朋友倾诉、聆听舒缓的音乐、请别人帮忙照看孩子、做一些愉快的事情、读一些给人启发的文章、锻炼身体甚至是冲个澡。

请注意：通常只需要 20 分钟左右的平静练习，你就会看到内心的显著变化。

记住，你并不是那些被动反应，你的职责是了解它们的存在，解决它们，重新握住生命的缰绳。当你认同并服从于更原始的大脑反应时，你便放弃了真正的自我以及去掌控它的能力。这是一个错误认同的问题。

当压力性的反应接管大脑的时候，人们通常会觉得自己变得不像自己，甚至觉得自己像是被什么东西附身了一般。从某种角度来说，这种感觉确实没错。**如果确实发生了这种情况，我们需要让应激系统很快平静下来，尽量不要做出反应**。不过我也知道，说起来容易做起来难呀！

写下来

介绍一个可以让你自己——真正的自己——从更原始的反应中平静下来的方法：把你正在经历的以及过往记忆中的不安与伤痛都写下来。这一简单的举动便代表了你处理它们的决心。

当你在阅读这本书并且审视你的生活的时候，那些与他人和自己相关的伤痛会不由自主地浮现出来。把它们写下来，这样你可以之后再来处理它们。

做记录的原因有二：

1. 确保你之后会去处理。

2. 这本书里面有很多实际的练习和问题，你可以将它们用于处理这些记忆中的伤痛。

可能会有一些很多年都不曾想起的往事浮现在你的脑海中。这些记忆被封存在你的脑海里，这是你的大脑为了避免精神上的痛苦而做出的防御措施。如果一件事直到现在还困扰着你，那证明伤口还没有愈合。它会一直潜伏在你的潜意识中影响着你，直到你去正面处理它。

在《情绪分子的奇幻世界：身心医学背后的科学》（*Molecules of Emotion：The Science Behind Mind-Body Medicine*）一书中，知名研究员甘德丝·柏特博士（Dr. Candace Pert）指出，当心理创伤的受害者将他们的经历写下来的时候，确实会产生生理上的变化。

现在，与这本书配套阅读的应该还有一个日记本。你可以用写日记的方式去记录那些浮现在脑海中的烦心、伤痛的事情，包括你做了什么、你是怎么做的以及你的感触。这是一件很重要的事，所以赶紧去买一个漂亮的日记本，或选择任何你喜欢的记录方式。写下来真的可以帮你放下积怨。

成功原谅

放下伤痛对大多数人来说并不容易，但是我们每个人都有做到这一步的能力。和做任何事一样，成功需要练习与努力。所以，请开始我们的练习吧。

想获得幸福，你就必须直面心魔，因为它将你困在了反抗、仇恨以及复仇的欲望之中。原谅可以释放这些消极的念头和情绪。**当你不再受心魔束缚的时候，你会更好地掌握你的能量和思维，并有能力做出对自己和他人有利的决定，这些决定会随着你的积极情绪的产生而产生。**

请注意：有时候原谅并不是一条容易的路，因为它会揭开痛苦的回忆。因为这个原因，也因为关于此话题会产生很多情绪上的困惑，**我们建议你在疗愈的过程中保持私密，至少等你感到安全为止。**因为我们在心理脆弱的时候，并不想打开自己让别人来批判、嘲笑，更不想公开我们伤痛的故事。这些情绪是你现在不需要的。

我认识一些人，他们向别人讲述原谅的好处，自己却无法做到，自然从没有给予原谅足够的尊重和重视。还有人告诉我，只有圣人才能做到原谅。或许这曾经是真的，但现在已经不同了，任何人都可以做到原谅。当你进行你的原谅疗愈的时候，可能别人会注意到然后问起你。

请不要告诉那个人你已经原谅他了，除非那个人之前向你请求过原谅，但你当时并没有原谅他。直接告诉那个人你已经原谅了他，这会让你显得很自大。你可能会造成更多的混乱，因为他们跟你看待问题的方式并不一致。你不需要告诉别人你原谅了那个人是多么伟大，言语是没有必要的。你的态度发生了改变，这就足够了。

反对原谅的人可能会把原谅看作示弱。其实，**原谅需要非凡的勇气。**“弱者永远无法原谅别人，原谅是强者的特征。”甘地（Gandhi）如是说过。尽管如此，在我们的文化中占据上风的仍旧是复仇，而不是原谅。

我认识一个人，她的孩子因一名醉酒司机而死，她以谋杀罪而不是过失杀人罪对这名司机提起了指控。之后，她意识到那个年轻的司机并不该在监狱中度过余生，而且他家里还有一位悲痛万分的母亲。她选择原谅并且帮助这个年轻人出狱，这却给她自己的家庭带来了麻烦。还有一个例子是，在苏·诺顿（Sue Norton）原谅了谋杀她祖父祖母的凶手之后，她的朋友们纷纷搬到了街对面回避她。即便如此，上面提到的这两个女人都没有后悔自己做出原谅的决定。无论如何，我们都会推崇原谅，但只有当你从你的角度和立场上确定安全的时候才可以。

不管是过去30年还是30分钟的创伤，原谅都可以将它抹去，并且可以让我们充分地感受当下。它为我们提供了清晰的思维，因为笼罩在心头的消极情绪被驱散了。有了清晰的思维，你就会开始在生活的方方面面做出有益的决定。

我借用一下毕加索对艺术的评价来评价原谅：**原谅的使命就在于洗刷我们灵魂中日积月累的尘埃。**

我曾听一位女士说过一个故事，她说她在高速公路上开车的时候，突然有一个司机故意变道超车，堵住了她的路。尽管她很害怕、紧张和不安，但她迅速重新掌控了自己的车子，没有让意外发生。由于她接受过一些原谅方面的训练，所以当不安的情绪影响了她驾驶时，她释放了自己的愤怒情绪，平衡了心态。几分钟以后，那个司机又一次抢了别人的道，导致另一辆车侧翻撞到第二辆车，第二辆车又撞到了第三辆车，一瞬间，她周围的车子都撞在了一起。由于她的冷静处理，她成功避开了这些车子并且安全地在路边停了下来，毫发无伤。她把自己能够安全脱离交通事故，归功于及时放下了不安情绪并保持了清醒的头脑，否则她也会被卷入这场多车追尾的交通事故中。

“我们应该很清楚地看到，总是满心装着痛苦的事情不能让你得到你想要的。痛苦中蕴藏着原谅的力量。你的身上确实会发生令人伤心的事情，但是，你仍然可以出于为自己好而选择放下这些悲痛，继续前行。”

《敢做自我》（*Self Matters*），

电视心理学家菲尔·迈克格劳博士（Dr. Phil McGraw）著

以下是保罗·柯艾略在同友人聊及他所著的《我坐在彼德拉河畔，哭泣》时的一段对话：

“这些话说起来好听，但是我不知道我有没有能力轻易原谅那些忘恩负义的人。”“确实很难。但是没有别的选择：如果你不原谅的话，你就会想着他们给你带来的痛苦，那么伤痛将永远不会消失。我不是说你要去喜欢那些对你做错事的人，也不是让你跟他们重新做朋友。我也不建议你把对方看作天使或完全没有恶意的人。我想说的是，**仇恨的力量不会给你带来什么好处，但是原谅却可以通过爱来促使你积极地改变你的生活。**”

第三章

原谅究竟是什么

原谅的含义是“停止责备某人或对某人做过的事感到生气，以及请求某人不要生你的气”（摘自《剑桥国际英语词典》）。这个解释把原谅描述得像一次性的行为，**其实原谅是一种生活态度**。

“原谅不是一次偶然的行为，原谅是永久的态度。”

马丁·路德·金博士（Dr. Martin Luther King, Jr.）

要想让原谅变成你生命的一部分，我们不仅需要了解其本质和践行方法，还必须纠正有关原谅的谬论和误解，并且知道原谅可以为我们带来的诸多益处（第四章详述）。

把别人欠你的东西一笔勾销

我在上课和做心理咨询的过程中，要解释原谅的时候，通常会把它比作金融方面的债务。我觉得这个比喻特别到位和有效，选择原谅就像是将债务一笔勾销。

简单来说，**原谅别人就像是把你觉得别人欠你的东西都一笔勾销**。

在痛苦的情形中，原谅便是放下身体和情绪上你期待他人偿还给你的债务。当你原谅了他人之后，对方将不再欠你什么，你也不会期待他们的道歉、理解或要求他们站在你的角度上看问题。在你的意识里，他们再也不需要在生理和心理上感受你的痛苦，你也不会渴望他们来向你道歉。况且，他们可能对发生的事情持完全不同的看法。这样一来，你也就不再背负希望对方受到惩罚或诅咒对方之类的心理债。就如同免除债务意味着放弃别人亏欠我们的东西，原谅不义之事意味着放弃了我们认为应有的惩罚或道歉。

我们不再一味追求“以牙还牙，以眼还眼”，但这并不意味着把另一边脸凑过去给别人打，或欢迎更多的伤害。正如圣雄甘地所说：“如果我们一味奉行‘以牙还牙，以眼还眼’的话，不久之后全世界的人都会变成没有牙的瞎子。”

当人们对事情有了更深入的思考之后，他们对需要从施害者那里得到什么的看法通常会发生改变。**对于特定的伤害，你知道对方怎样做才能让你将它放下。但问题是，你可能一直没有，也可能永远不会得到你所期待的东西**。导致这种情况的原因有很多种，但至少你可以做到去重新评估你的期望是否现实以及你的诉求是否有可能被满足。

下面这个例子讲的就是把别人欠你的东西一笔勾销。故事的主人公叫卢克，他曾经参加了我最早期的原谅疗愈课程“教你如何原谅”。尽管他知道原谅的价值和必要性，但是他的情绪却阻碍了他进行更深入的疗愈，因为有人编造了关于他的谎言。这一谎言给他及身边人造成了很大的矛盾，卢克需要那个编造谎言的人向人们澄清事实。他跟我们说到这里的时候自己都笑了，因为他知道那个编造谎言的人相信自己说的话是真实的，是不可能道歉的。他也觉得想得到不可能得到的道歉是多么可笑。卢克还说那场矛盾其实就是大家为了表忠心，不管怎样可能都会发生，因为他的风格跟之前的人很不一样。

仅仅通过描述别人欠你的债，我就能看到不同的观点。有些人有能力、有经验进行更深入的思考，但这却不是人人都能很快做到的。卢克做了大量的内心工作，他了解自己不切实际的期望可能带来的后果以及给自己造成的不幸。

这个练习的第二部分其实问了下面这个问题：为了达到内心的平静，你是否能够放下伤痛呢？这是原谅疗愈中的一个基本问题。你必须愿意、主动做好心理准备，去面对你可能得不到你认为对方亏欠的你的东西的情况。如果你愿意放弃你的期待，这将会有很大帮助。

当然，这并不是路的尽头。这意味着你在原谅疗愈里下一步要做的，便是去寻找另外一种原谅的方式，一种跟他人无关的方式，因为对方可能永远不会改变，可能永远也意识不到你想让他们理解的，也永远不会受到你希望他们受到的惩罚。

通过原谅，你会释放心中的愤怒、仇恨和怨恨，并且能控制消极的、自我毁灭的态度。原谅是一份给自己的礼物。在涉及社会健康、家庭和睦和夫妻关系和谐等情况时，这将是用真心换真心的礼物。

原谅是一种爱的表现。这是一个个人的选择，能让原谅者在受到伤害的情况下，消除心中的伤痛、怨恨和仇恨。它还会带走敌意和恶意。它需要你走出固定的、有限的情绪状态，转而拥抱更大、更深层的自我内心。它需要你的勇气，因为你要放下完全合乎情理的烦恼与伤痛。

“原谅就是我放弃因为你伤害我而要去伤害你的权利。”

佚名

怎样知道你真的原谅了对方?

下面的这句引言可以告诉你需要注意些什么，以及怎么知道你已经放下了。多年来我一直向我的客户和学生提起这句话，因为它把原谅解释得非常清楚。

“当你回想起那个人而不会在心里产生任何负面感受时，你就知道你已经原谅对方了。”

卡瑞尔·亨特利（Karyl Huntley）

但你想到施害者的时候，他可以平静地通过你的大脑吗？还是会给你造成混乱与伤害？

久负盛名的作家、神学家路易斯·施密德博士在其所著的《原谅与忘却：治愈我们不应承受的伤害》（*Forgive and Forget*：*Healing the Hurts We Don't Deserve*）中写道：“当你想到那些伤害你的人，能够祝福他们的时候，你就知道你已经原谅他们了。”

著名原谅学者罗伯特·恩莱特博士（Dr. Robert Enright）和人类发展研究组（1996年）把原谅定义为“对施害者没有消极的影响、看法和行为，以及对同一个施害者产生积极的影响、看法和行为”。这是一个很清晰的结果，对施害者和你自己只有积极的感觉、观点和行为，没有任何负面效应。

请注意：我见过有的人在原谅别人的时候，仅仅释放了对施害者的消极态度，但并没有产生任何积极的态度，尤其是在经历了虐待和折磨的受害者中，这种情况很常见。

上面提到的原谅研究组织也强调，自我原谅不仅仅是直面自己做错的地方，而且是要放下针对自己的消极想法、感受和行为，把它们转变为“同情、慷慨和爱”。自我原谅必须包括对自己产生积极的情感、举动与想法，否则这种原谅是不完整的。

慈爱冥想

近几年来，在我的心理咨询中和课堂上，有很多人通过练习慈爱冥想（loving-kindness meditation）[①]在原谅疗愈方面取得了重大的成功，因为它直接针对的就是原谅的终极目标——我们的身心健康。对于那些天天练习慈爱冥想的人来说，这会对他们的头脑和身体产生非常积极的影响，包括降低应激反应程度甚至是减轻身体上的炎症。践行者表示，他们对自己的生活更加满足，身心健康得到全面的改善，并且减少了很多抑郁症的症状。

我发现当人们遇到困境时，甚至是在戒除成瘾的过程中以及失去爱人的时候，慈爱冥想非常有用。我将网上不同版本的慈爱冥想总结成一种冥想或祈祷的方法。当你真诚地为别人祈祷时，你也会得到同样的祝福，就像别人也在为你祈祷一样。要想得到最好的结果，你最好百分之百地投入，并且在脑海中想象可能给他人带来的结果。

祝你平安

祝你健康

祝你幸福

祝你免受折磨

祝你的生活充满了爱与善意

---

① 慈爱冥想也被译为“慈爱禅”或“慈心禅”，是现代关于冥想的应用方法之一。——译者注

祝你心态平和

祝你开开心心

在我人生经历过的最困难的原谅疗愈里，我花了几天时间一遍一遍地说出对那个人如何认同，通过这种语言上的肯定终于清理了内心伤痛。这种方法确实奏效了。起初，我只能假装去肯定，但后来我确实达到了想要祝福对方的程度。我意识到如果对方真的拥有我所说的那些祝福，可能事情就不会发生了。

正义、复仇和惩罚

人们在讨论原谅的时候往往会提及正义。人们会说，按道理是不可以原谅一个人的，因为他并没有承担应有的后果。对方破坏了你在个人、家庭以及文化方面的行为准则，你还要原谅他，公理何在？

当一个人对你做了很可怕的事，尤其是错在对方的时候，原谅那个人看起来是很不合情理的。你甚至想要教训一下那个伤害你的人。但是，这样的想法会让你情绪上的痛苦永不消逝。至今，我还没有发现任何人在惩罚了对方之后还能得到幸福。

研究表明，通过复仇和正义达到的惩罚是人们早期大脑反应的一部分，而当时世界上的人口非常稀少，人类族群的规模也都比较小。在那样的时代，正义与复仇确实可以有效地改变人们的想法。

一门心思想要复仇会一直激活我们大脑的奖励通路，就如同药物对药物成瘾者的刺激一样。但是，不同于当下流行的见解，有研究发现，**惩罚别人会让惩罚者更多而不是更少地想到所谓的罪人，甚至会激发更强烈的复仇之欲——复仇并不能带来了结**。这是因为，复仇的驱动力来自大脑中更为原始的情感中心。除此之外，复仇会带来一系列的报复，造成更多的麻烦。

迈克尔·麦卡洛博士（Dr. Michael McCullough）在他的书《超越复仇：原谅本能的革命》（*Beyond Revenge: The Evolution of the Forgiveness Instinct*）中提出，原谅已经发展成为一种抑制我们复仇反应的行为，因为我们见到对方的机会会随着社会体系的增长而大大降低，原谅还能减轻复仇给我们带来的心理压力。原谅来自我们大脑的最高级功能区——新皮层的前额叶皮层。只有当被惩罚的人理解为什么会被惩罚时，复仇才似乎有那么一点意义。但是，通常施害者会认为惩罚过重而导致他们也想要复仇，从此冤冤相报何时了。

如果你没有对惩罚施害者抱有期待，或者并不指望他们悔改自己的行为的话，那也就无须原谅对方了。那种期待带来的情绪效应才是真正的问题。

实施了复仇之后，你可能会声称自己得到了满足，但是如果你仔细观察便会发现，复仇并没有给你的生活带来欢乐，很多研究都证实了这一点。当一个人想要惩罚并伤害其他人时，他的举动被应激性的大脑支配着，而应激性大脑跟快乐与爱毫无关联。

哪怕施害者已经不存在于我们的生活中了，我们想要复仇的心理仍旧无法消散。很多人对已经过世多年的父母仍然心存隔阂。他们仍然会在心里攻击他们的父母，即便这种攻击只能给自己带来痛苦。

“在你决定复仇之前，先挖好两座坟墓。”

孔子[1]

---

① 西方文学及影视作品中常引用这句话，将其归为孔子所言。其实这是一个错误，实际出处为日本谚语“人を呪わば穴二つ”，意思是：所谓害别人，同时也害了自己，这样的中伤就停止吧。——译者注

是非黑白看似十分重要。当你在自己愤怒的情绪中找到了正确、合理的理由时，你可能会在个人、家庭和工作中发现诸多困难。

当我们的价值观受到了挑战，行为准则被破坏，或者一个人、一个团体或国家的道德伦理被践踏的时候，我们期望正义可以得到伸张。道德典范、法律法规和制度准则是维持一个文化和社会的力量，它们也是维系家庭关系、人际关系的纽带。

当一个人或团体在与我们的价值观对抗，或践踏我们的法律法规时，不管是在一对一的人际关系还是复杂的社会结构中，这个人或团体都会被排挤出去。只有当这个人或团体为他们的侵犯行为做出了明显补偿的时候，他们才会被集体重新接纳。

在法律系统中，这意味着服刑或完成社会服务。如果是个人情况，可能是道歉或赔偿损失。当他们试图对自己的行为进行补救的时候，我们就更容易原谅他们。

当一个人或团体的行为与你的价值观或期望的行为准则不相符的时候，原谅他们就会困难一些。那么该如何原谅他们呢？又该如何伸张正义呢？当施害者对事情的理解跟你完全不同，任何形式的道歉或补救行为都不存在的时候，该如何释放自己承受的痛苦、愤怒和伤痛呢？这本书会教你许多释放的方法。

敌视心理的后果

研究表明，经常发怒、容易产生敌视心理的女性更容易出现心血管方面的问题。早期研究还表明，更容易得心血管疾病的并不是 A 型人群[①]，而是那些在问卷中的敌视心理测试部分得分高的人。医学博士迪恩·奥尼什（Dr. Dean Ornish）写了一本题为《爱与生存》（*Love and Survival*）的书，书中摘录的 45 项研究都表明敌视心理与冠心病相关。

一项来自美国杜克大学的研究显示，在敌视心理测试中得分越高的学生，跟同龄人相比越有英年早逝的可能。研究总结说，容易发怒的学生比吸烟、高血压、高胆固醇的人面临的健康风险更大。

如果你发现自己容易发怒并时常产生敌视心理，那就需要好好想想了。为了你今后的健康和幸福，你需要放弃充当正义使者和惩罚者的角色了。

有效原谅的几个重点

时刻注意自己的内心和态度的微小变化。从事原谅研究以来，我最大的发现就是原谅疗愈的变化可能发生得很快。当你在做一些心理练习的时候，你会发现你的内心和想法发生了细微的变化。这些细微的变化会积累正面的能量，从而带来大规模的心理转变。如果你在某一个问题上感觉到了些许宽慰的话，那么对目前来说就足够了。稍作休息，接着进行下一步。

我把这些感觉和态度上的变化称为“感觉到的转变”（felt shift）。你会感觉到胸口涌入的暖流让你可以敞开心怀，肋骨和喉咙附近的肌肉

① A 型人群可以被描述为：没有耐心、时间意识过强、对自己的状态没有安全感、争强好胜、有敌意、有侵略性、无法放松。他们通常是有很大成就的工作狂，可以处理多任务工作，被截止日期驱使，对哪怕很小的延迟都会感到非常不满。由于这些特征，A 型人群通常被称为“压力上瘾者”。——摘自维基百科

也会得到放松，并且常常伴有顿悟的感觉，正如尤金·简德林博士（Dr. Eugene Gendlin）在他所著的《专注》（*Focusing*）一书中描述的“感觉到的情绪”（felt sense）一样。这是心绪恢复正常的一个很小的心理活动。

其中的奥秘就在于“啊哈”的顿悟时刻，通常伴随着嘴角的微笑和心头的慰藉，这或许是因为同理心，或对他人有了一个全新的认识。如果你仔细品味这一转变的话，你会发现你对那个人的态度也发生了变化。虽说这是一个小小的变化，但通常可以改变你一整天的情绪，有时甚至可以改变你的一生。

“选择原谅并不能够改变过去，但是却可以丰富未来。”

荷兰医师保罗·波什（Paul Boese），*1668—1738*

每一次感觉到转变，你都能从困扰你的伤痛中重获一些能量。随着你继续审视生活的方方面面，学会理解和原谅，你会获得更多的能量。这个过程会随着你不断地练习而变得越来越轻松和容易，你会释放更多的能量和力量为生活注入动力，提升宽容、生活、爱和治愈的能力。

第一个关键方面

在这本书里，我会揭示很多原谅的关键环节。其中最基本的一点就是：对于原谅可以给你的生命带来的益处，请保持最高的愿景并将它作为自己奋斗的目标。

如果没有这一动力，我们将会很难面对伤痛，也就可能会轻易地放弃。但是如果你对自己有很高的期望，你就能坚持下去，做到很好地原谅他人。

从我自己践行原谅的经验来看，我需要经常提醒自己去选择我最高的愿景。由于我的终极目标是体验心底最初的毫无保留的爱，我会这样问自己：“我是愿意放下伤痛，去体验毫无保留的爱，还是选择继续纠结下去呢？”这个方法屡试不爽。每一次，我都可以感受到如释重负、心情愉悦。

你可以通过以下几个问题来设定你的目标与愿景：

1. 通过原谅，我希望从生命中获得什么？是获得治愈，还是获得更多的爱、内心的平静与安宁？

2. 什么可以促使我放下心中的伤痛？

3. 除了我自己之外，还有谁会因为我的原谅而受益？

日记练习的小问题：为了帮助你，我在下面介绍了这个小练习，它对于很多人来说都非常有效。

“求你免去我们的债，如同我们免了别人的债。”如果你可以运用好这句话，你已经不需要再继续阅读这本书了。但是，很少有人能做到这点。所以，让我们更进一步地看看这个方法。思考下面几个问题：

1. 那个人究竟亏欠你什么？一个道歉吗？你想看着他痛哭流涕、俯首称臣？把他倒挂 3 天，以此泄愤？或者用拳头把他狠狠打死？还是用电刑更能解恨？

2. 你想看到他受到怎样的惩罚？那些你期待但无法实现的，或不曾奢望他会受到的惩罚都是什么？那就是他亏欠你的。（如果你在进行自我方面的原谅，那你要想想你亏欠了别人什么，以及你亏欠了自己什么。）

3. 现在，把对方欠你的（或你欠别人的）都一一写下来。确保除了你，没人可以看到这个列表。所以不要有任何顾虑，统统写下来。你写得再怎么恶毒、卑劣都可以。

4. 当你把想写的内容都写下来之后，仔细读一下，看看这是不是你追求的正义。现在感觉怎么样？然后问自己：

（1）我有多大可能看到对方受到我希望他受到的惩罚或对方行为上的改变？

（2）我要等多久才能看到对方受到我希望他受到的惩罚？

（3）我是否愿意放下这些伤痛？

影响原谅的主要障碍

感到无从下手？这通常是由于你想一次性原谅太多人、太多事。**强效原谅疗法的目的就是放下你生命中所有还没有放下的伤痛，而这不是一次就能办成的。要想取得成功，你需要把大事化小，分而治之。**

对于棘手的问题，首先要把它分解成可以处理的小问题。我们不能一口吃成个大胖子，囫囵吞枣只会让我们更加难以消化，你必须一小块一小块地吃。原谅也是相同的道理，看看你怎样才能把一个难题分解成更小、更容易对付的小块吧。

拿汤姆举个例子，他正烦恼于如何跟他的建筑承包商进行交涉，就把所有承包商做的让他觉得不爽的事情都一一写了下来，他觉得这样可以让他镇定下来。之后，汤姆能够跟承包商坐下来面对面地进行协商了，最终他们达成了一致意见。

有时候，将你所有的消极经历都一次性记录下来是一件很困难的事。玛乔丽就曾因为好几个医生对她的病情做出了误诊而非常恼火，她在一怒之下想把所有烦恼都写下来，于是她每次在脑海里只回想一个医生，把这个医生给她带来的烦恼统统写下来，然后逐条原谅。之后，她如法炮制，将所有医生的问题过了一遍。最终，她的愤怒情绪和对医生们潜在的恐惧感都消失了，这也使她能够接受并开始执行一个合理的治疗方案。

首先，你必须照顾好自己。**在做心理咨询、夫妻心理治疗、冲突处理与和解的工作中，我发现最重要的就是每个人都需要时时刻刻感到安全。**当你自己一个人进行疗愈的时候也是如此。如果你感到烦恼，那就停下来，放松放松，试着处理一些小一点的、没有引起那么大情绪波动的事情。任何原谅的疗愈都会给你带来益处。

如何面对大型组织?

如果你发现自己很难去原谅大型的机构或组织，那是因为你对自己受到的伤害程度感到不知所措。再次重复，当你把大问题分解成小问题之后，一切都会迎刃而解。

同样，当对你不公的是政府、组织或大型集团的时候，你不能把它们看作一个整体，简单地说是“它们”害了你。你要做的是把问题细化到每一个人、每一件事，然后逐一去处理。当你专注于思考某一特定情形的时候，你会更容易了解事情的真相。

把你面对的问题细分成小块并逐一处理，这样你才能做到完完全全的原谅。

那些组织、社区、政治团体或政府机关都是由一个个人组成的，都由人在背后操控它们。这些人都需要被原谅。细化问题之后，找到究竟是谁代表着该组织。当你想到一个人之后，其他人也会纷纷浮现在脑海中。

我曾经接触过一个女孩子，她曾加入一个邪教组织多年。她觉得要是将她在那个邪教组织里受到的种种不公一一写下来的话，实在是罄竹难书，所以她选择了让那些记忆在自己灰暗的潜意识的情绪海洋中沸腾，但它们却像暴风雨一般摧残着她每天的生活。这个女孩子开始把这些不公都写下来之后，她惊喜地发现一切都变得更好了。

感觉变好是一个很好的开始。你必须要继续下去，并原谅那些伤痛。

真相与和解委员会

1995年，统治南非多年的种族主义政府刚刚被推翻，为了和平与调节社会的不稳定因素，一个叫真相与和解委员会（Truth and Reconciliation Commission）的部门成立了，它的职责和功能是考虑赦免在种族隔离政权下犯下罪行的人们。上台的民主政府知道光打着原谅与和解的旗号是不能真正解决问题的，于是委员会逐一赦免每一个来到他们面前的人。这里有受害者与犯人的正面对峙，也有对所犯下罪行的忏悔与反思。

电影《长夜入日行：南非寻求真相与和解之旅》（*Long Night's Journey into Day: South Africa's Search for Truth & Reconciliation*）就细致地展现了当时这个委员会所做的工作。2000年，这部纪录片荣获了圣丹斯电影节最佳纪录片奖。后来，有多达11个国家采用了这种赦免机制，有时候这种机制还会被冠以不同的名称，它们被用于国家处于内部动荡、内战或独裁统治的时期。

原谅国家、民族层面的大问题

如果你的伤痛来源于历史或世界上的大问题，比如种族歧视，那么在你的脑海里必定有那么一个人或一个团体代表了这一不公的存在。你可能需要审视你的过去，找到他们。

玛丽安对中世纪女性在法庭上被施加的暴行非常不满，每当她的脑海里浮现出那些邪恶、令人憎恶的穿着黑色长袍的审讯者时，她就会产生极大的反感，她知道她需要去原谅这些人。于是，她开始慢慢去理解和体会当时那些审讯者的心理。当她可以站在审讯者的角度去理解发生的暴行时，她也最终能够放下那些反感的情绪了。

雅各布在第二次世界大战中深受德国纳粹的迫害。为了心灵的平静，他决定原谅纳粹。他在脑海里一一想起他接触过的所有纳粹官兵，以及他们的支持者。他在心中默默地为每一个人念原谅的话，直到他可以完全放下与那个人的隔阂。这毕竟是一个非常困难的过程，所以他会不断坚持，直到获得心灵的解脱。他能够看到，为什么当时有那么多人都被关于犹太人的谎言所蒙蔽。直至此时，他才能够放下心魔。这对雅各布来说是一个漫长的过程，但是每前进一步，都会让余下的路走得更成功。

再举个例子，玛格丽特深陷极其复杂的诉讼案件之中，经过多年交涉，有多名律师经手她的案子，却依然没有一个解决方案。她愈发沮丧和烦恼，而且因为打官司几乎身无分文。她还要继续生活下去，但是她发现比起控诉的对象，她更无法原谅的是司法系统的无能。于是她在多次心理咨询中选择强效原谅疗法，试着原谅整个诉讼过程中控辩双方的每一个法律代表。这样做之后，她发现自己可以以全新的视角来看待整个案子，也能够原谅每一个人，并很快找到让自己满意的解决方案。

重点问题

将大问题分解为小问题往往会带来一些关于究竟发生了什么事情，或者哪些人参与了这件事之类的重点问题。问题的答案就在于仔细审视每一个方面，并且原谅每一个涉及的人，这样才能完全地将问题解决。

吉尔伯特和凯特琳离婚之后花了一年的时间，才让双方面对面坐下来讨论究竟发生了什么，两个人都分享了自己的感受。吉尔伯特发现他只想问一个问题："为什么我那么差劲，我们的生活过得如此糟糕，你还要继续留在我身边？"凯特琳的回答令他瞠目结舌，她说："我并不在意那些。我们的家很好，我也不认为你有你说的那么差劲。"要知道，一个不同的答案，或许正是另一个价值观完全不同的人想要的。

吉尔伯特很幸运，人们通常不会在重要的问题上获得这么直接的答案。尤其如果对方是一个客观的人，不去站队，那么多跟别人聊聊你的烦恼会很有帮助，他或许能给你提供一些建议。

第一道关卡

1. 什么是原谅？
2. 你需要放下哪些事，才能做到原谅？
3. 如何跨过最大的障碍？
4. 如何感知和理解细微的情感变化？
5. 如何专注于你自己的最高愿景？

当你理解了以上这些问题之后，你就算是跨过了第一道关卡了。

但是，没有人期待你会一次性、这么快地原谅所有事情。如果你已经取得了一些积极的成果，那么就继续在下一个你要原谅的人身上努力吧。

最早有关原谅的研究来自大学的原谅训练课程。在那里，学生可以学到什么是原谅，什么不是原谅。通常经过这一步，就能获得一些重大的成效。你目前已经比他们完成的要好得多了。

第四章

原谅道路上的重重障碍

关于原谅的误区

除了大脑的应激反应，人们之所以耿耿于怀，还因为对原谅的认知有一定的偏差。我把它们称作关于原谅的误区。很可悲的是，即使我们知道这些说法是错误的，它们依然能够阻碍我们放下怨念。这里我列举了一些最常见的误区。

误区 1：人都没了，还用得着原谅吗！

你可能会想："眼不见心不烦。"但是，**如果你还一直对这个人持有不爽的情绪或想法，这些伤痛就会一直存在于你的脑海中。从某种程度上来说，心怀怨念，不管这怨念是大还是小，都会对你的生活和人际关系产生影响**。虽然那个人的离世勾起了你的同情心，这可以说是一种原谅的表现，但是**原谅的主要目的，还是使你从自己给自己造成的折磨、怨恨和愤怒中解脱出来**。我的学生和客户中就经常会有这样的例子，他们原谅了自己去世很久的父母，然后发现他们的人生发生了重大的转变。在我的一个原谅治疗小组中，一位女士在自己 40 多岁的时候原谅了儿时曾虐待她的父亲，在这之后她惊奇地发现，困扰她多年的腿疼竟然消失了。

误区 2：反正我也不想再见面，那也就没有必要原谅他们了！

原谅并不代表着和解。和解是有矛盾的两方重归于好，但这并不一定是原谅的结果。一个人可能原谅了施暴者，但是她依旧可能为了保护自己不再受到欺负，而选择再也不和那个人见面。

想要得到有效的和解，原谅那些罪行是非常必要的。大量的研究证明，很多经历过婚内出轨的夫妻通过原谅彼此可以产生强大、积极的疗愈力量。

曾为巴拉克 · 奥巴马（Barack Obama）主持 2009 年的就职典礼的作家里克·沃伦(Rick Warren)告诉我们，有三点内容对修复破裂的关系至关重要：忏悔、补偿和重建信任。他还强调："实际上，信任的重建是需要一定时间的，它需要被重新赢得。"

误区 3：如果我原谅了他，那就代表我纵容他的行为，或是给他的罪行找了个理由。

原谅不是纵容不好的行为，也不是为这种行为辩护。正如弗雷德 · 鲁斯金博士在其著作《为爱原谅：健康和长久关系的失落元素》中指出，如果我们纵容了这些罪行，就是承认这样的做法是没问题的，原谅也就因此没有必要了。当我们受到了伤害、悲痛欲绝之时，原谅总是非常必要的。一个药物成瘾者的家庭可能会原谅他的成瘾行为，但不会纵容他滥用药物。他们大概会尽其所能地阻止他再接触这些药物。

再比如，一个小孩子打碎了某样东西并且得到了原谅，但这不意味着他的家长会纵容他的这种行为。实际上，这个孩子可能要承担这个年龄的孩子应该承担的后果。虽然他承担了后果、接受了惩罚，但是这是充满爱与理解的，孩子也能从中吸取教训。不过，如果这个后果是家长大发雷霆，那就会给孩子造成恐惧并使其积累怨恨。研究表明，**承担后果的做法在不发火的情况下会更加有效**。

当我还在学校里做心理治疗师时，我经常会遇到心怀愧疚的家长，他们因为害怕会伤害到孩子的感情，担心可能会失去孩子的爱与认可，就因此放松了执行之前设定的惩罚结果，这就导致孩子并不会吸取教训。理想的情况是，当规则被打破的时候，需要由之前建立起来的、被贯彻理解的结果承担机制来发挥作用。

关于这一条误解还有另一个方面是人们经常陷进去的：如果我原谅了那个人，我就是低头认输了，这样别人就会认为我很软弱。

如果你也存在这样的想法，那么请这样想：你依旧带着那个人给你造成的仇恨、愤怒和心理问题，这算是赢吗？要记住，**原谅是为了你自己，而不是为了他们**。原谅可能会给他们带来帮助，也可能不会。但我们能肯定的是，**原谅对我们自己是有益的**。

误区 4：我已经尽力了，但是我做不到。

你可能有千万个无法原谅那个人的理由，但这不意味着你不能释放内心的沮丧。现在你已经获得了很多有用的工具，所以你是可以获得成功的。有时候，人们会先原谅那个人，但很快又后悔了。这很正常。更多的时候，有一些更深层的方面需要我们关注，这不只关系到他人，也关系到我们自己。

误区 5：我是真的很生气（或很受伤）！

了解自己的情绪对原谅至关重要。我们已经耳闻目睹了太多因为过多的不良情绪而造成的暴力和伤害。每当愤怒和敌意产生的时候，你整体的心理状态便会自然而然地进入紧张模式。这种压力接着就会激活被动的大脑结构。

让愤怒和怨恨一直存在心中，会造成很大的伤害。发火只能暂时缓解情况，但并不能解决实际问题。坚持自己的意见和生气发火并不是一码事，**你可以学着设置一个边界，让自己不受生气这种负面情绪的影响。**

控制自己不被愤怒支配的能力，其实来源于力量和平静，而不是它们的反面——愤怒和怨恨。原谅是讲究时机的，你需要平静下来才能使之有效。冥想、打太极、祈祷、沉思、接近大自然、做按摩、练瑜伽、锻炼身体以及和朋友聊天，这些都是可以帮你重新获得平静的方法。有时甚至还包括为伤害你的人祈祷。

表层之下的情绪

除了主导情绪，如果一个人还能学会感知自己的其他情绪，这能够帮助他消除自己的烦恼和不安。通常的情况是，人们对所发生的事情感到愤怒，愤怒成了主导情绪。在我领导的一个由吸毒者和施暴者组成的治疗小组中，愤怒是这些人的主导情绪。我们还经常发现，对于这些人来说，愤怒很容易成为他们的表层情绪（surface emotion）。

迈克就是这样一个例子。我们来帮助迈克处理他和他的女朋友苏珊之间的矛盾，他知道自己总是用生气发火来控制她。其实，生气的表现在哺乳动物的行为中相当重要，这是建立支配地位的表现，对于你我来说也是一样。

有一天，迈克因为苏珊做过的一件小事感到非常生气。之后，虽然他也承认这其实不是什么大事，但是他当时还是大发雷霆，并且打碎了东西。在他的意识中，这一切都是苏珊的错。在我们的愤怒管理小组中，他仍然不依不饶地一直数落她。

小组中的另外一个成员尼克，知道迈克的一个伙伴在两周前去世了。尼克非常清楚，很多人面对强烈情绪状况的第一反应都是愤怒，他还知道愤怒的背后其实隐藏着更深层次的情绪。他向迈克求证，他的愤怒是出于朋友的死，而非苏珊的错误。迈克的双眼顿时充满泪水，因为他知道尼克看出了真相，他对苏珊的不满也随之消失了。在这之后，迈克甚至说，相比面对好兄弟离世的悲伤和痛苦，解决和苏珊之间的不快其实容易得多。

类似的情况在愤怒管理小组中还有许多。因此，在这些人面前我会特意把愤怒称为“一种错误的情绪”。发脾气对他们来说太容易了，而且发脾气可以隐藏自己更深层、更加不安的情绪。

在原谅的过程中，你经常会在愤怒情绪的表象下发现其他情绪。当这些情绪(可能是害怕，也可能是悲伤)被触碰到的时候，就会发生改变。同样，在很多情况下，愤怒对女人来说可能是一种难以被社会价值体系接受的情绪。那么，感知自己被隐藏的愤怒情绪，或许能够帮助她们找到消除内心不安的方案。

当你处于不安之中时，你可以利用本书附录中的内容帮助自己发现那些不安之外的深层情绪。

误区 6：他们不配得到我的原谅！

你可能认为有些人就是不配得到原谅。或许你真的是对的，他们是错的。但是要知道，原谅其实是为你自己好，而且对你的人际关系也很有益。我就曾见到过一些富有同情心的人，他们原谅了那些根本不配得到原谅的人，只是因为他们觉得那些人的人生也需要爱。埃弗雷特·沃辛顿博士（Dr. Everett Worthington）是一位知名学者和作家，在他提出的原谅步骤中，有一条是给予“原谅的礼物”（the gift of forgiveness）。

《超越恐惧：治愈种族创伤的 12 条精神途径》（*Beyond Fear: Twelve Spiritual Keys to Racial Healing*）的作者之一伊莎·阿巴比奥－克洛蒂（Aeeshah Ababio-Clottey）就曾告诉我一个真实的故事，以此来证明“原谅的礼物”是多么有效。这个故事发生在加纳的一个地方，那里是伊莎的丈夫，同时也是上面提到的那本书的共同作者——柯柯曼（Kokoman）的故乡。

一个调皮捣蛋的小男孩在学校里总是欺负其他孩子，每个人都不喜欢他。为了让其他孩子觉得有人替他们“伸张正义”，学校校长召开了全校集会，决定当着所有人的面教训他一下。柯柯曼的姐姐是这所学校的一名教师，她向自己的所有学生都传授过原谅的意义。当这个捣蛋鬼和校长站在主席台上的时候，这个班级的学生开始大声呼喊：“原谅他！”很快，全校的学生都集体呼喊：“原谅他！”于是校长停了下来，让这个男孩走下了主席台。

这个故事并没有到此结束。孩子们充满爱的行为让这个总是欺负别人的小男孩发生了转变，他变成了一个善良的人，一个好学生。富有同情心的行为让整个学校的氛围也发生了变化。几年之后，克洛蒂夫妇亲耳从当年那个小男孩口中听到了这个故事，而这个当年的捣蛋鬼现在在加纳的心态疗愈中心（Attitudinal Healing Center）工作。

“你的态度代表了一切，它决定了你将以怎样的方式经历生活中的方方面面。你无法控制生活中发生的每件事情，但是你可以决定每次以怎样的态度面对它。”

杰瑞·詹波斯基博士（Dr. Jerry Jampolsky）和戴安·瑟琳席翁博士（Dr. Diane Cirincione）

误区 7：就让我把它忘了吧！

“原谅并没有要求人们忘记。正相反，牢牢记住才更重要，因为这样才能确保那些暴行不会再发生。原谅并不是去纵容已经发生的事情。原谅意味着要严肃认真地对待它，而不是大事化小、小事化了；原谅意味着拔掉那根记忆中的毒刺，不再让它危害我们的生活。”

《没有原谅就没有未来》，

戴斯蒙德·图图著

忘掉一段伤痛或许并不是出于原谅，而是因为否定。否定的心态能够在我们意识的表象之下，隐隐地产生非常负面的影响。**要记住，当这个人浮现在你的脑海中而不会留下伤害的时候，你才真正做到了原谅。**

原谅和忘记非常容易混淆，而我们的大脑却并没有忘记的设置。只有原谅可以让我们的不安感在脑海中逐渐消失，因为这些烦恼已经不再处于被激活的状态。这样，你就可以将精力重新聚集到生活中积极的方面上。

误区 8：想要我原谅他，我需要一个道歉！

你可能等了一辈子，那个人也不会产生你期待的负罪感。那个给你造成伤害的人或许对事情的发生有着不同的看法，他可能并不觉得需要向你道歉。事实上，他可能还指望着你道歉呢。**如果你可以放下不安的情绪，**

选择原谅，你会重新获得快乐和平静的内心，不需要另一个人的内心变化。而且，从此你便不再是一名受害者了。即便那个人向你道了歉，那也可能是出于你的再三要求而并非真心实意。没有道歉也原谅他吧，这样还能省去你的时间和精力。

误区 9：需要我原谅的东西太多了！

有时候，想要原谅一个人简直太困难了，因为他做了太多的错事。这时，第三章里提到的原则就很适用。**把问题分解细化，把你知道的这个人的所有罪行列下来，然后逐一原谅。**

安妮·玛丽说，她走出婚姻的时候是“受尽虐待的、支离破碎的”。“想让我原谅我丈夫多年来对我的虐待，这绝对不可能。”她对他的愤怒持续了6年之久。任何人只要投来一个奇怪的眼神或发表了一句不得当的评论，都会因为不够尊重她而得到她的一顿怒斥。于是，人们自然而然地选择避开她。

为数不多的几个朋友都告诉安妮·玛丽，让她学会放下然后开始新的生活。也正是抱着这样的目的，她来到了我的课堂上。“你要我如何放下那么多年的伤害？”她问道。我给她的第一个任务就是把她记得的、她丈夫带给她的每一项伤害都写下来，然后先从小的事情开始，一一去原谅。她很不喜欢自己现在的样子，因此她在做这项任务的时候非常坚决。没过多久，她就达到了平静的状态，所用的时间比预想的要短得多。

问题：如果你发现原谅对你来说很困难，那么看看自己要原谅的情况是否很重大、很复杂。花一些时间把大的问题分解细化成小的部分，然后再逐个去原谅每个需要被原谅的人。那个对你造成伤害的“组织”，是不是可以由一个或几个人代表？我把这个过程叫作“找到那个谁”。

以下是几个更深入的问题，可以帮你更好地了解面对的情况：

1. 当你想到那件困扰你的事情的时候，你想到了哪些人？

2. 他们所做的、对你产生伤害的事情是关于什么的？

3. 他们都长什么样子？他们都具体做了哪些事情？

4. 是不是每个和他们很像的人都做了同样的事情？

5. 在你的经验中，是不是他们中的每个人都这样？

误区 10：我不能原谅那些人，因为他们还在继续伤害我！

如果一个人还在继续伤害你的感情，无论是有意还是无心，也不管是出于习惯还是不明事理，原谅依旧是对你有益的做法。虽然不可否认，这样做的确很难。原谅可以抹去伤害的痛苦，不管它是 15 分钟前刚刚发生，还是从现在开始的 15 分钟内重复发生。

身体和心灵受的伤害则是截然不同的。**如果是身体遭受虐待，我们必须保护好自己。**但如果我们别无选择（可能大多时候确实如此），原谅就会发挥它的作用。

著名励志作家伯尼·西格尔博士（Dr. Bernie Siegel）就在他的著作《生活处方》（*Prescription for Living*）中这样告诉我们："原谅是健康和幸福生活的核心，它帮我们维护人际关系，还保护着那个给予原谅的人。"

伯尼·西格尔博士还在书中提及了另外一个故事。这个故事出自精神病专家罗伯特·科尔斯博士（Dr. Robert Coles）的著作——《危机中的儿童：关于勇气的研究》（*Children of Crisis: A Study of Courage*），讲的是关于鲁比·布里奇斯（Ruby Bridges）的故事，她是第一个进入白人小学读书的非洲裔美国小孩。

1960 年，美国联邦司法警察不得不每天护送鲁比去上学，因为学校外聚集着一大群向她吐口水、不停叫骂的成年人。令科尔斯博士感到困惑的是，这个年仅5岁的孩子似乎完全没有因为这可怕的场面而受到情绪上的创伤。他后来发现，鲁比每天都会祈祷，原谅那些伤害她的人。

放下内心的不安还需要我们做到自我原谅，哪怕这些不安和烦恼还在持续产生。如果你拒绝尊重自己、无法原谅自己，那么就会陷入“善有善报，恶有恶报”的死循环，可能会像之前一样继续受到虐待。想要改变这个状况，你必须打破这个恶性循环，首先要做的就是将自己从虐待和施暴者中抽离。这一步你可能需要一些专业的帮助。

在一个面向青少年的原谅小组中，我和克里斯蒂聊了聊，她告诉我她曾经的好朋友散播了一些关于她的恶毒谣言。被这样不公的状况压抑了很久之后，她的生活变得愈加糟糕，她也始终无法放下内心受到的伤害。在我们进行原谅疗愈的过程中，克里斯蒂转变了她对施暴者的态度，甚至连她的肢体语言都发生了变化。她开始在学校里展现出与以往不同的状态，在与人交往中也传递出截然不同的潜在信息。她开始不再觉得自己是一名受害者了。不仅克里斯蒂的自我感觉变得更好，她那个曾经的好友也感受到克里斯蒂态度的转变，因此停止了攻击。最终，克里斯蒂原谅了这位旧友。除此之外，她和男朋友之间的感情也变得更加亲密。

误区11：如果我选择了原谅，他们还会再次伤害我的！

恐惧会使我们的应激反应系统一直处于运转的状态。“爱就是放下恐惧”这句话说得没错，因为爱和恐惧是不可能同时产生、存在的。当我们大脑最基本的生存机制由于恐惧感而被激活的时候，我们认为的那些“高级”功能就会迅速减退，我们唯一关心的问题就是如何求生。这种自我保护是非常重要的，然而它也可能是我们学会原谅的一道牢固的障碍，特别是当我们害怕可能会再次受到伤害时。

原谅并不是说把另一边脸也凑过去，让侵犯再次发生。“把另一边脸也凑过去”的本意，其实是说要展示坚定的信念的力量，这句话更广泛的含义包括但不限于原谅。你可以彻底原谅某个人，但依旧坚持以同样的标准去要求他。同样，你可以原谅一个商业伙伴造成的损失，但同时要警告他，如果类似的事情再次发生就终止你们之间的商业关系。

我们想原谅又担心伤害再次发生，这是很正常的。不过，如果这种恐惧主宰了你的生活，你便只是处于最基本的求生状态。你的恐惧需要被释放，你可能需要专业人士的帮助。冥想、祈祷和坚持信念对此有一定帮助。当然，去户外散散步或听听你最爱的音乐，也会起到帮助效果。这本书中还有很多别的方法也很有效。尽你一切所能，将恐惧的意识从大脑中清除。

让害怕的内心安静下来，哪怕只是一会儿，你也可以试着去原谅。**但是要记住，在你能够原谅的时候，也要为自己设定界限，以免再次受到伤害**。

如果原谅在一段虐待的关系中发挥了作用，受害者可能会对施暴者重新产生爱意，进而回到那个人身边，并且感觉自己的伤痛已经痊愈。害怕去原谅施暴者确实来自真实的担忧，施暴者可能会重新进入受害者的生活，暴行也可能会死灰复燃。

警告：虐待之所以继续，就是因为施暴者还没有彻底解决内心的愤怒问题。因此，伤害可能再次发生。

不管是男人还是女人，施暴者都没有认识到受害者并不是造成自己愤怒的原因，因而无法意识到他们不应受到伤害。

由于施暴者们一般脾气急躁、爆发很快，他们需要学习如何在紧张的状态下保持冷静。在施暴者掌握这些技巧之前，他们都无法安全地处在压力环境中。如果你还想和施暴者在一起，请保证他们完成一个全面、系统的愤怒控制课程，我指的可不仅仅是那种为期 10 周、每周只上 1 个晚上课的短期课程。

总体来说，我发现改善坏脾气的最有效的工具之一就是原谅。如果你受到了伤害，通常会感到愤怒。对于一个暴虐的人来说，那种伤害远比表现出来的烦躁要深刻得多。若是想要降低目前状况下发脾气的猛烈程度，那么就必须先解决过去的伤痛，治愈这些伤痛需要很多内心调节工作。如果一个施暴者不愿解决自己的愤怒问题，他很可能在将来再次伤害他人。

原谅并不意味着让那个人重新回到你的生活中并再次伤害你。一个女人可能已经原谅了她的丈夫，但还需要警察发布限制令来保护她和她的孩子们。**一个施暴者也必须学会克制自己，无论他的情绪变得有多么糟糕。**限制伤害的行为可以帮助施暴者脱离大脑的应激反应状态。长期施暴的人也需要学习持续地约束自己的内心，并练习使头脑保持非紧张状态。

当一段关系中出现了身体或心灵上的虐待，那就出大麻烦了。此时，你需要外界给予帮助，控制、阻止伤害是当务之急。处理家庭暴力关系的问题至少需要一名在此领域经过专业训练的心理治疗师，这不是你一个人可以承担的。参加有关虐待、家庭暴力和愤怒管理的治疗小组都是行之有效的方案，不仅是因为它们教授好的方法，更是由于在小组合作的环境中，施暴者可以学习去寻找更加健康的方式与人相处，特别是和那些除了自己的配偶以外的人。

误区 12：我不需要原谅他们，他们会受到惩罚的！

这个理解是错误的。在你等待这个伤害你的人受到惩罚的时候，你还会继续背负那些伤痛。等待不会减轻你的痛楚。

虽然我们会猜测上天要怎样审判一个人，但是我们其实无法得知那个人对某件事的判断，因为我们对那个人或那件事不可能开启 360° 的上帝视角。我们不了解过去，甚至时常对现在发生的状况、究竟是什么使得那些人做出了那样的事也不能看得很清楚。我们不可能对他们生活中的各种动力、各种因素都了如指掌。其实，我们通常连自己生活中使我们做出某一个决定的力量都无法看清楚。我们能做的就是完成我们的疗愈工作。**在生活中，是否原谅取决于我们自己。**

你可以为那个人祈祷，或是在冥想中祈求得到指点。你可以好好地利用很多内心方面的帮助。这本书里也包括了很多方法，它们给你提供了需要的帮助，并指导你如何利用。

想想你现在对上帝视角的理解，看看你的视角是否被童年时期一些不准确的想法所影响。

总结一下：关于原谅的误区

总体来说，有一些对于原谅的误解会在人们试图原谅他人的时候造成一些问题。当我们分清什么是原谅、什么不是原谅的时候，我们就能看清这些误解。

原谅：

1. 不是纵容不好的行为，为暴行找理由，或者把另一边脸也凑过去挨打。
2. 不是和施暴的一方进行和解。
3. 不同于“眼不见，心不烦”。
4. 不取决于一句道歉。
5. 不取决于另一方是否在世，或者是否和你有联系。
6. 不取决于施暴者是否值得原谅。
7. 不是因为这是一条简单的出路。
8. 不是忘记或者不负责任。

分辨关于原谅的谬论：为了帮助你去原谅，请完成以下练习。

1. 回想你人生中的一个情形，一个你没能成功原谅他人的情形。

2. 仔细想一想，是否有某一条误解阻碍了你原谅他人。把这条误解写下来。

试着回答下面两个问题：

1. 消除这条误解是否可以让你以另外的视角重新审视这个状况？

2. 现在你是否能原谅那个人了呢？

信念阻碍了原谅？

人们能否做到原谅，有一个很强大的影响因素就是对“更高的力量”的信念。有些人接受的训练就是主要把“更高的力量”当成一位审判者和宣判者。持有这种观点的人，可能会为宣判结果找理由从而伤害他人。他们还会评判自己，从而证明了他们的折磨、抑郁、缺少爱、缺少平和以及无法原谅都是有理的。

我之所以提到这点，是因为怀着这样的想法长大的人们可能难以做到原谅，直到他们改变对“更高的力量”的看法，将其看成是一个充满爱的、宽大的存在。如果你也会有自己不值得原谅的想法，那么自我原谅则是一个你需要特别努力的重要方面。**同情并理解你自己至关重要**。

自我原谅

我们总说要“爱人如己”（Love your neighbor as yourself.），但这句话有点问题。如果你对自己一点爱也没有，那么你还怎么去爱别人？想要了解并践行这句话的真谛，你首先要找回自尊、自爱和自我价值。当你获得了自我原谅的时候，你也就做到了这点。正如作家保罗·柯艾略所说：

“请关注生命的每一个瞬间，因为机遇这个‘神奇的瞬间’近在咫尺。我们总是会让机遇错失，那是因为我们心怀愧疚。”

我之所以用“获得自我原谅”这个说法，是因为人们总是无法自主地完成自我原谅。你必须了解你自己的感受。有些时候，你需要根据十二步骤计划（12-step programs），对你的所作所为进行补救。否则，你可能需要求助于“更高的力量”来帮你减轻内心的自我折磨。

在许多情况下，这种自我折磨是不得当的，这是较低级大脑反应的介入导致的。鉴于这种情况，帮助获得自我原谅的行为对学习控制这些反应会比较有效。

在父亲还在世的时候，西蒙有很多年的时间都对他很不好。为了获得已逝的父亲的原谅，西蒙每天都坚持为父亲进行仪式。在进行了 2 个月以后，他感受到了显著的变化。于是他把每天的仪式坚持了下去，不仅是因为这能帮助他加深与生活、爱的联结，还因为这样做使他的内心更加平静，更不易被外界的纷乱所打扰。

另外一个小故事：露丝觉得，她在妈妈生命中的最后几个月里还冲妈妈发火，这样做简直无法原谅。即使她了解了原谅的过程，她还是无法释怀。我的建议也没有什么用。最后，她的选择是经常去一个固定的地方进行有仪式感的活动。在一次仪式上她说道：“我感受到了内在的变化，也感受到了我妈妈的爱和原谅。”

有时候，我们需要从被我们伤害的人那里得到原谅才能安心，这通常至少需要一个道歉。贝弗莉·恩格尔（Beverly Engel）在自己的著作《道歉的力量》（*The Power of Apology*）中，给我们提供了 3 个非常好的步骤去完成一次有意义的道歉：

1. 对造成的情况表达后悔之情。

2. 对所做的事情表示负责态度。

3. 对产生的伤害提出弥补方法，可能是口头保证也可能是实际行动。

如何完成这3步，她的书中也具体提到了很多有效的方法。

对于有些人来说，获得自我原谅可能意味着需要深入分析他们的原生家庭，以此来发现造成情况的客观因素。对于另外一些人来说，重拾自尊的方法可能是需要为一件他们认为很重要、很有意义的事情做出奉献或付出努力。当然，可能直到你开始这么做以后，你才会发现这种方法是有效的。有时候，获得自我原谅最有效的方法，是虔诚地祈求内心、精神上的帮助。

人本身无法原谅，这是真的吗?

有一些说法认为，人是不具备原谅的能力的，因为人性本恶。但是，**30多年的研究表明，人们不论生活方式如何，经常性的原谅都可以给自己和他人带来极大好处**。任何人都能够通过放下旧恨，达到积极的效果。

我在工作中遇到的所有人，在学会原谅之后，他们的生活都经历了彻彻底底的改变。**原谅是一场通往同情、爱与善意的心灵之旅，是一项平静的运动。不管你是谁，原谅都会为你带来喜乐。**

原谅可以是任何人给予任何人的，任何人也都可以帮助其他人去原谅。我们已经拥有了原谅的方法和大致的步骤，剩下的就是行动了。

情绪的感知

在关于原谅的第5个误区中，我们探讨了表层之下的情绪，以及缺乏对其他情绪的感知将如何阻碍我们去原谅。当我们还带着过去的痛楚和创伤时，它们就会在潜意识里对我们造成影响。你是否在开车的时候，会突然注意到自己的脖子有些疼痛并且感觉紧张僵硬，而1分钟前似乎还并没有什么痛感。但是如果你仔细回想，其实它已经疼好一阵子了，只是隐藏在潜意识中没有被发觉。一旦你感知到了紧张，疼痛的感觉就会出现，随后你便会采取一些措施来减轻疼痛。

我们的潜意识会把那些情绪上的痛苦和过去的伤痛隔离在意识之外，以此来保护我们不受伤害。尽管我们可能不会再想起那些发生过的事情，但伤害依旧存在。我们可能会出现一些生理上的症状，易怒或者爱发脾气，突然的情绪爆发会严重破坏我们的生活。这些旧的伤痛和随之产生的消极态度会持续对我们产生影响，影响我们与这个世界的关系。

如果你将过去的伤痛埋在深处，它们则会反过来控制你，甚至吞噬你。遇到这种情况时，你会感觉你已经不再是自己了，你很可能会做一些令自己后悔的事情。

感知自己的情绪对我们放下伤痛至关重要。要记住，如果你对自己的情绪不自知，那么你便无法应对它。发现那些无法放下的伤痛背后隐藏的情绪，比如悲伤、怨恨或痛苦，可以迅速且显著地改变你的行为和态度。

关于情绪值得牢记的几点内容

1. 原谅并不只是关乎心智的行为，强烈的情绪会在这个过程中涌现出来。

2. 情绪是原谅的切入点。

3. 情绪通常是多层次的，尤其是愤怒。愤怒的情绪一般是由恐惧和悲伤引发的。

4. 回避麻烦、困难的情绪是很正常的，但是这对我们的原谅工作没有丝毫作用。如果你把一些情绪隐藏起来，那也就无法将它们放下了。

5. 主动愿意去感受表层下的情绪而不是抗拒它，是需要诚实和勇气的。

本书的附录中有帮助你感知情绪的方法，你可以找到这两篇内容：《当我们的需求没有被满足的时候，我们的感受如何？》（“How We Are Likely to Feel When Our Needs Are Not Being Met?”）以及《当你的需求被满足的时候，哪些情绪会表现出来？》（“Feelings Likely To Be Present When Your Needs Are Being Satisfied?”）。这两篇内容来源于马歇尔·卢森堡博士（Dr. Marshall Rosenberg）的著作《非暴力沟通》（*Nonviolent Communication*）。他发现，当你说出自己正在被一些情绪影响的时候，别人会更好地聆听你的倾诉。

下面我将介绍一些方法，这些方法可以帮助你更好地理解自己的感受，尤其是当你感到愤怒、受伤和怨恨的时候，你可能隐藏了哪些情绪。如果你能感知更深层、更准确的情绪，你便可以对整体状况有一个更好的了解。

1. 想一个你正在努力放下的伤痛。

2. 阅读《当我们的需求没有被满足的时候，我们的感受如何？》这个列表，同时注意，当你感知到这个事件中隐藏的其他情绪时，你的感受发生了哪些变化。

3. 看看你的需求被满足的时候，会出现什么情绪；当你想到这些情绪的时候，你的感受是否变得更好。每当你想要改善自己的感受时，就这样去做。

第二道关卡

如果你真正了解了原谅的力量，那么你就已经跨过了原谅的第二道关卡。你知道了原谅可以对你的人生产生怎样的影响，你也很清楚无法原谅会给你带来怎样的坏处。虽然这可能不足以帮你放下最主要的伤痛，但对于很多人来说，这些信息已经可以帮助他们对原谅产生积极的印象。到此为止，你应该也发现了很多去原谅的充分理由，而且已经开始了你的原谅之旅。

“心存怨恨就如同被一只蜜蜂蜇死。”

威廉·*H.* 沃顿（William H. Walton）

“我们应该很清楚地看到，总是满心装着痛苦的事情不能让你得到你想要的。痛苦中蕴藏着原谅的力量。你的身上确实会发生令人伤心的事情，但是，你仍然可以出于为自己好而选择放下这些悲痛，继续前行。”

《敢做自我》，

电视心理学家菲尔·迈克格劳博士 著

第五章

已证实的原谅的好处

心灵在原谅过程中的转变

当你放下了过往的痛苦，你将在心理、精神和生理上获得更多的能量。你能获得多少能量，取决于你在抓住过去的怨恨上耗费了多少能量，以及你能多大限度地放下伤痛与烦恼。

研究的结果

由多所知名大学联合发起的研究表明，践行原谅的人可以提高心血管功能，降低血压并减缓心率。研究结果还发现，践行原谅可以改善一个人的心理和情绪健康，降低焦虑与压力，减少抑郁和绝望，愤怒的情绪也会随之减少。践行者会更加有自信，自尊心也会有很大的增强。

如果心里的隔阂与怨恨持续得太久，会对心脏和血管带来一定损害。每个年龄层的人都会受到这些影响。相反，原谅训练所带来的收获在完成之后还会存在很久。**不管是从短期还是长期来看，能够原谅他人的人更不容易患慢性疾病和其他生理疾病，并且更具有活力和心理韧性**。在研究中，并没有发现学习原谅会带来任何负面的影响。

斯坦福大学原谅项目的弗雷德·鲁斯金博士，在其所著的畅销书《原谅的好处：健康和幸福的科学处方》中告诉我们，研究人员发现仅仅是有想要原谅的想法便可以让我们拥有更好的心理和情绪状态。反之，研究对象如果认为自己无法做到原谅他人，则通常会伴有消极的反应，比如高血压等。

鲁斯金博士在书中摘录了科学研究的一些主要成果：

1. 越是能够原谅别人的人，压力的症状和健康的问题就会越少。

2. 无法原谅别人可能比敌视他人还要严重，因为这会成为心脏方面疾病的潜在导火索。

3. 那些经历过重大磨难的人依旧可以学会原谅，而且会拥有更好的心理和情绪状态。

4. 总是埋怨别人的人更有可能患上心血管疾病甚至是癌症。

据科学研究，原谅训练的成果可以运用于：

1. 修复破裂的人际关系。

2. 提升对生活的期待，增进自信心和个人成长。

3. 减少抑郁、愤怒和焦虑。

4. 提高同情的能力，提升精神状态和生活质量。

更多关于原谅的研究成果

除了以上部分，以下是更多原谅方面的研究成果，由原谅基金会（Forgiveness Foundation）的公共健康学硕士米歇尔·彭德（Michelle Pender）编纂。

如果人们无法原谅一段过去的烦恼，那些由烦恼带来的痛苦与愤怒的影响则会被延长。由于无法原谅，我们不断地回忆起过往的遭遇，让我们的身心一而再、再而三地经历同样的痛苦，造成很多健康方面的负面影响。相反，选择去原谅别人则会给你带来更健康的身心环境，你的病痛会减少，也不需要那么多的药物辅助。你会拥有更健康的免疫系统，改善心血管活动，降低血压。

如果无法原谅并一味纠结于敌视他人，这将会给我们的健康带来许多伤害。多项研究显示，敌视情绪、愤怒和心血管疾病有极大的关系。愤怒以及其他与无法原谅相关的情绪，都与慢性高血压以及血小板聚集有关，血小板聚集会造成血液凝结并增加患心脏病的概率。

另外还有一项研究发现，那些不断重温紧张情形的人会心率加快、血压上升、面部肌肉紧张。相反，实验证明原谅可以帮助人们更快地降低血压，并提高将我们的身体从紧张情形中恢复的能力。事实上，各项研究表明了原谅对心血管健康的积极影响，科学家们也已经建议在现有的心脏康复计划中加入原谅疗法。

原谅之所以能给我们的健康带来如此多的好处，是因为原谅的效应本质上是具有持续性的。原谅为我们身体提供了长久持续的保护，使我们不会去重温过往的伤痛与紧张情绪，而即便我们真的回想起来也不会感受到同过往一样的压力与愤怒，而给我们的健康造成威胁的正是这些负面情绪。

伤痛带来的压力与消极情绪的影响会因为我们无法放下而延长，这会对我们的免疫系统造成巨大的危害，进而给我们的健康带来非常真实的负面影响，包括容易患上传染病以及伤口无法愈合。上网搜一搜就能发现，原谅与艾滋病患者之间有很多的联系。有一项研究发现，抑郁这一无法原谅的明显症状之一，会降低体内 $CD4^{+}T$ 淋巴细胞的数量。$CD4^{+}T$ 淋巴细胞的功能是向免疫系统预警病毒与细菌的入侵，对减缓艾滋病病情恶化有重要作用。

无法原谅也会对我们的免疫系统产生间接的影响。愤怒、怨恨、憎恨和其他与之相关的消极情绪通常会导致社交孤立，与朋友和家人都不相往来。健康可靠的人际关系与健康强壮的免疫系统息息相关。那些艾滋病患者如果缺乏社交支持，他们的 $CD4^{+}T$ 淋巴细胞的数量会比那些有朋友和家人支持的患者减少得更快。

不仅社交孤立会对我们的免疫系统产生负面的影响，糟糕的人际关系也会造成类似的影响。一项研究揭示了那些互相敌视、在家庭冲突中行为恶劣的夫妻双方，其免疫系统的功能会被削弱，身体会释放更多与压力相关的激素。这样一来，免疫功能的改变会降低身体愈合伤口、抵御感染的能力，增加了患传染病、慢性病以及肿瘤恶化的可能性。

既然我们的心理对身体和健康有着如此重要的影响，那么利用原谅疗法、冥想就是抵御健康问题的一个有效方法。研究发现，冥想可以提高体内褪黑素的水平。褪黑素可以强化我们的免疫系统，并减缓恶性前列腺肿瘤的增长。

紧紧抓住消极情绪不放，对我们的健康有百害而无一利。一项实验研究发现，情绪与我们身体的生理结构有着直接的联系。这项实验将人类 DNA 链放置在实验器皿中，并将这些试验器皿暴露在研究者的感觉和强烈的情感当中。研究者发现，DNA 链会根据它们所接触的不同情绪而发生形变。当被暴露在充满感激、爱与欣赏的情绪中时，DNA 链会是放松的。然而，当 DNA 链被暴露在愤怒、恐惧和压力之下时，它们则会收紧并缩短长度。

原谅疗法的成效

罗伯特·恩莱特博士和理查德·费茨基布斯博士（Dr. Richard Fitzgibbons）在他们所著的《帮助客户去原谅：释解愤怒和重拾希望的实用指南》（*Helping Clients Forgive: An Empirical Guide for Resolving Anger and Restroing Hope*）一书中，记载了很多原谅疗法的益处。他们的研究表明原谅疗法可以在以下方面带来好处：

1. 焦虑症，包括广泛性焦虑症（generalized anxiety disorder）、分离焦虑障碍（separation anxiety disorder）、惊恐障碍（panic disorder）、社交恐惧症（social phobia）、强迫症（obsessive-compulsive disorder）。

2. 创伤后应激障碍（post-traumatic stress disorder，简称 PTSD）。

3. 抑郁症，包括双相障碍（bipolar disorder）。

4. 有品行障碍的儿童，比如对立违抗性障碍（oppositional defiant disorder）、注意力缺陷多动障碍（attention deficit hyperactivity disorder）和易冲动等。

5. 物质滥用和饮食失调；冲动控制障碍，比如赌博、纵火癖和盗窃癖等。

6. 人格障碍，比如偏执狂、边缘型人格障碍、表演型人格障碍、自恋型人格障碍以及任何与强烈愤怒相关的症状。

提升能量与振奋精神

无法原谅的情形通常会导致抑郁，让人萎靡不振。那些萦绕在脑海中的伤痛和怨恨也在消耗你的精神能量。你会将精力都投入到那些烦恼的事情中。只有当你放下它们之后，你才能重拾生命的能量。

有一群销售人员在接受了一整天的原谅和情绪能力训练，以及长达 6 个月的定期原谅指导后，他们的销售业绩比没有参加过辅导的同事要高出2.5倍。

他人的改变

多年前，一个朋友的女儿和她的未婚夫被残忍地谋杀了。凶手最终被捉拿归案，并判刑入狱。我的这位朋友阿芭·盖尔在经受了多年的折磨之后，终于有一天，她说：“我不能再沉浸于仇恨之中了！”她需要知道凶手为什么要杀人，所以她去监狱探望了那个凶手。在听了凶手的故事之后，阿芭意识到她需要去原谅他——是人性最终打动了她。

更幸福的人际关系

原谅可以增进人与人之间的关系，因为你可以与对方沟通你更深层的情感，表达你的爱。在亲密关系中，你和你的另一半会更加和谐。充满爱意的想法可以帮助你更容易地放下烦恼。不安的时候，你需要更多的同情心，而不是固执地坚守自己的立场。

我的好朋友吉玛和她的老公迈克尔在一起已经有35年了，当我问及他们如何保持如此幸福的婚姻时，她给我写了一段话。无论什么时候我跟他们聊起来，他们都会说：“我们的关系好得不能再好了！”下面就给大家分享她写的那段话：

“我们在一起的最初几年其实过得并不是很顺，所以我们花了几天时间，就双方感到受伤的情况进行讨论。我们分析了我们之间关系的方方面面，敞开讨论了每一件让我们感到烦恼的事情，然后逐一地将它们化解。我们之间并没有什么大问题，但是当小问题积攒起来的时候，它们能带来很大的伤害。自从进行了这样的原谅疗愈，我们成功地为我们的婚姻建造了一个坚如磐石的沟通平台。

“所以我想说的是，当你在处理夫妻问题的时候，那些没有被拿出来讨论的问题才是最可怕的后患，尤其是当这些小问题对于某一方来说很蠢、很尴尬时。如果让这些小事慢慢积累，将来突然爆发的时候可能会摧毁一段婚姻。”

这种疗愈的强度非常大，夫妻双方很难在没有外界帮助的情况下做到这些。幸运的是，迈克尔是一名心理治疗师，他们两人都知道进行“清理的工作”是非常有价值的。因此，我会建议首先去找一位心理咨询师，来帮助你们达到深层的沟通。

对孩子的好处

保罗在离婚之后变得非常暴躁。他对他的三个孩子缺乏爱与关心，每当他看到他们的时候，就会想起他跟前妻破裂的婚姻以及离婚给他带来的经济问题。他没法对孩子们尽到做父亲的责任，也没法悉心照顾他们。当然，孩子们也不愿意与他亲近，但是他并没有意识到是自己导致了孩子们对他疏远。

还好，他的女朋友硬是把他拉去上原谅训练课。在课上，他终于意识到孩子们对他疏远是因为他自己。1 个月以后，他向全班同学分享了他的课程小结，他说他终于可以重新建立起跟孩子们之间的爱的联系，他不再责备孩子们和他的前妻，而是更多地向他们表达父爱。

面对婚姻和新的感情

数据显示，第二段、第三段婚姻不太可能比第一段婚姻更成功。就跟电脑一样，我们对父母和失败情感经历的记忆将会留存在我们意识的“操作系统”中，在这些记忆被摧毁之前，它们都会影响新的感情。这个问题会变得愈发严重，直到我们的系统在另一段破裂的情感中“死机”，或引起了新的健康问题。

在开始一段新的感情或新的人生旅途之前，你有必要解开过去的心结，

才能心无旁骛、严肃认真地对待新的人生篇章。原谅让我们可以有机会改善破裂的家庭关系。

想安装新的操作系统，你必须先卸载旧的系统。强效原谅疗法正是可以用来卸载这些旧“系统”的途径。想安装更幸福、更美好的心理系统，那么就需要将过去的积怨移除得越多越好。把强效原谅疗法当作你的杀毒软件，你可以用它来清除那些危害你人生的恶毒往事。

生理上的治愈

《普通精神病学杂志》（*Journal of General Psychiatry*）中摘录的研究显示，敌对的夫妻关系会减缓生理创口的愈合，并导致血液中的炎性蛋白激增。该数据还显示，“敌对或有摩擦的关系会影响生理功能及健康”。如果这种“敌对”蛋白缓慢增加的话，会导致心血管疾病、关节炎、某些癌症和其他的疾病。

“世界上有一种叫作‘原谅生理学’的东西。我们如果无法原谅他人的过错，则会给自己的健康带来伤害。”

赫伯特·本森（Herbert Benson），医学博士，知名作家、学者

朱莉亚已经连续 2 个月参加我们每周的原谅小组活动了。她的生活越来越好，但是她仍旧不能摆脱小时候被虐待的阴影。在第 4 周的时候，小组给了朱莉亚整个晚上的时间来帮她化解心中对父母的怨念，她的父母其实已经过世 10 年之久了。在那节课之后，她感觉好多了。两三周之后，她跟我们说她多年的膝盖疼痛竟然消失了。她说那天晚上在她终于原谅了她的父亲之后，这些病痛也都随之消失了。

当汉克因为发烧和喉咙疼痛而感到痛苦与绝望的时候，他决定去处理

心中那些尚未放下的积怨，他觉得他的病情可能是由此产生的。在刚刚开始了几分钟后，他说："我记得在工作上，一位助理向老板要求和我一样的薪酬，但其实他的工作经验和能力都不如我。我因此感到十分不爽。"之后，汉克运用了我在工作坊介绍的原谅疗法。

过后他说："我站在那个哥们的角度上来看，他也是为了自己的生计才要求涨薪，这么想想我也就理解他了。你知道，就在我想开了这件事以后，我的嗓子没那么痛了，烧也渐渐退去。整个过程没有超过3小时，简直太神奇了！"虽然这听上去像是个奇迹，但是当你掌握了原谅的方法之后，确实可以更好地保持健康。

哪怕是让人痛不欲生的心理创伤，通过原谅疗法也能奇迹般地、有效地治愈。克里斯·劳卡思是一个非常虔诚的人，也是我的一位老友，他在用生命践行原谅。多年前的一个晚上，一个醉驾司机撞上了他的小货车。克里斯因此身上多处骨折，昏迷入院6周。当他恢复意识之后，医生告诉他，他再也不能走路了。

在不断祈祷并进行原谅疗愈之后，他竟然能够奇迹般地下地走路了。当他康复之后，他不仅跟撞了他的小伙子结成了忘年之交，而且他还把那个小伙子当作自己的孩子看待，帮其戒酒、找工作。克里斯心中没有丝毫怨念。他原谅的态度不仅促进了生理上的恢复，而且帮他重拾了内心的平静。

在上完我的原谅工作坊课程之后，一些人非常相信原谅可以带来许多益处，一旦身体有恙，他们就会审视自己的内心，看看是否还有尚未原谅之人。通常，在进行原谅疗愈之后的几个小时，症状就会很快消失。

当你发现自己生病了的时候，问自己以下几个问题：

1. 我是从什么时候起感到不舒服的？

2. 那个时候，我的生活中发生了哪些事情？

3. 我需要原谅谁？

感受更深层的灵修

以上的所有研究和案例都表明原谅可以带来的心理、情感以及生理上的好处，而更显著的一点则是在灵修方面。

从灵修上讲，清晰的思维和宽容的心态可以让人们感受到生命的神圣力量。**在放下伤痛和烦恼之后，生活将变得更加完满，内心将更加平静。这样，我们自然而然可以感受到生活中的快乐。爱与被爱的感觉将重归于生命，真正的自尊心也将得到重塑**。于是我们可以与生命的核心产生联结，由此体会到我们真正想要成为的样子。

那些践行原谅、放下伤痛的人，告诉了我们或向我们展示了爱是我们自然状态下的一个核心部分。

一些人在原谅别人之后会产生更深刻的体验。他们说他们对生命和爱的理解都更进了一步。路易斯·施密德在他的书《原谅与忘却：治愈我们不应承受的伤害》中写道：

> “当你原谅了那个深深伤害过你、对你不公的人时，你本身就是在创造一个独一无二的奇迹。没有任何别人的感受会与你一样。原谅有其独特的感觉、颜色与高潮，它具有与人类其他创造性活动都不同的特点。”

原谅之所以可以有效地改善我们的生活，是因为我们在这一过程中能重新跟“更高的力量”等产生联结。这让我们有能力看透事情的本质。这种去自我中心化的思维可以让我们找到更高维度上的治愈力量。

如果一件非常消极的事情持续了很长时间，这并不意味着放下这件事是极其困难的。在心理治疗中，这种错误的想法很常见。在强效原谅中，我们会讨论不同的处理方法。普通心理疗法往往会从被害者的心态来处理问题，但是在有关原谅的心理咨询中，专家会与来访者共同探讨内心的伤痛，帮助来访者达到并保持最高潜能的思维。

“用创造问题的大脑去解决问题是行不通的。”

阿尔伯特·爱因斯坦（Albert Einstein）

这种最高的潜能可以给我们的头脑带来最大的处理空间。**心存怨念、妒恨、愤怒、复仇心理、对伤痛的执念或是逃避，都是缺乏爱、缺乏与最高自我联结的表现**。如果我们愿意抓住我们的最高潜能或最高力量，我们将能获得更多来自个人、来自这个世界的帮助。

心怀怨念的真正后果

有时候，人们会相信不去原谅可以带来好处。那么我们就来探讨一下事实是否真的如此。首先，让我们来看看不放下伤痛能给我们带来什么好处。通常，人们去做某些事情或不做某些事情都会给自己找个理由。尽管有时候我们做出的决定可能对我们来说并不是最好的，但是如果我们仔细寻找，就会让自己相信这个决定在当时来说已经是最好的了。这通常是由于我们会受到低级大脑活动和压力的影响。

问问你自己：

1. 一直心怀怨恨能给我带来什么呢？把所有能想到的好处都写下来。谁会受益？怎样受益？

2. 正确是否比快乐更重要？

有时候，你可能没有注意到烦恼对你产生了多大的影响。继续问以下几个问题：

1. 我从这段伤痛里得到了什么？写下所有正面和负面的影响。

2. 当我抓住伤痛不放的时候，会给我身边最亲密的人带来什么影响？

3. 在我的生命中，爱、平静和欢乐有多么重要？

4. 原谅这件事是否会让我和我身边的人感到更快乐？

以下几个问题是从受害者的角度出发的：

1. 我是否把自己当作一名受害者？

2. 这种被害的感觉持续了多长时间？

3. 我可以忍受多长时间让别人来控制我的幸福？

4. 我是否也是问题的一部分，而并不仅仅是个受害者？

不常用却有大作用的办法

希望获得内心的帮助——尽管很多人在生活中会有虔诚和心怀信念的一面，但人们却很少在原谅问题上希望得到帮助。我们每个人都可以获得内心深层的帮助，它可以帮助我们从新的角度来审视消极的事情，而且如果我们愿意接受、拥抱它的话，还能减轻我们的心理负担。我把它称作“上天的帮助”（divine help），因为这似乎远远超出了我的智慧和真诚。借助这一力量来超越我们无法原谅的小我是非常有效的。通过与“上天”的联结，你可以获得强大的力量——敞开心扉，以开放的心态面对生命中的机遇和不同的视角。

那么，如何得到“上天的帮助”呢？你需要一些时间来放松身心，在原谅疗愈的过程中以最高境界的自己去进行思考。

现在，花些时间在心中通过祈祷来寻求“上天”的支持，请它帮助你原谅。

请注意：“请帮助我从不同的视角来看待问题。”这是一句极其有用的话。

在进行原谅的过程中，如果你感到挣扎、停滞不前，那么请安静下来，诚心诚意地请求帮助。要对“上天”的爱充满信心。当你尽自己可能做了所有能做的事情后，就让烦恼渐渐逝去，仔细地倾听。我不能准确地告诉你这种帮助会怎样体现出来或是如何出现，但我知道它就在那儿，可以给你提供帮助。

对话写作练习：在原谅疗愈中还有一个非常有效的方法，就是将目前给你造成烦恼的人或事写下来。我把它称为“对话治疗”（dialogue process）。通过书写的方式，你可以挖掘烦恼背后的深层联系，也可以获得全新的视角。改变看问题的视角在放下伤痛的过程中至关重要。

为了做到这一点，你需要跟自己进行对话，跟自己聊聊为什么会感到烦恼，直到你能理智地想出下一个有逻辑的问题。举一个例子，如果你对你的丈夫不满，你可以把对他的种种不满都写下来，直到你能想出下一个有逻辑的问题。比方说，问自己“他怎么可以这样做”，然后你可以写出你认为的答案，接着想下一个问题，例如“他母亲是不是也这样对待他”。随着这样追问，你会慢慢理解和同情他。

这是一个很有价值的方法。提出的问题与答案总会给我们带来惊喜。如果我开始的时候先祈祷获得帮助和指点，我就总能得到帮助和指点。当内心的情绪出现的时候，接受它们并继续写下去，或者你也可以问另外一个问题，比如“这样的情绪背后隐藏着什么”。

最简单的原谅练习

起初，我对罗丝的原谅念珠和祷告也是心存怀疑的。罗丝·罗德里格斯（Rosie Rodriguez）是一位很可爱、很有灵性的女人，她住在加利福尼亚州的圣罗莎。当我第一次遇到她的时候，她已经开始传授她的方法并教别人做“传递爱的念珠”（pay-it-forward beads），已经有1年之久，并收获了出色的结果。念珠一共有490颗小珠子，有些人会用这些念珠来进行祷告。

我10多年来运用的原谅方法，没有一个像它这么简单。我第一次尝试这个方法的时候，解决了一个一直以来困扰我的重大的原谅问题。我只是简单地在每次数过1个念珠的时候，都虔诚地说一句“我原谅”。在数过10个念珠之后会有1个感恩念珠，让我可以说一些感恩的话。到最后，我的伤痛便一去不复返了。

自我原谅是一项很困难的内心工作，所以几个月之后，我决定去处理一下我在生活中觉得愧疚的方面，并再次运用了罗丝的方法。同样，我先是把烦恼由大化小，然后对每一个小的烦恼，我不断地虔诚祷告“我原谅”，重复十几二十次之后，再说一段感恩的话。我很高兴在短短5—7分钟的时间里，我能将心中对每件小事情的痛苦慢慢转化成宽慰之情。在继续练习了大概45分钟之后，我把每个小烦恼都一一化解。我感到大的烦恼也随之消失，这种感觉非常棒。

无论你的伤痛是大是小，这一方法都非常有效。

人类的希望

我们最高层次的自我会在平静、不受威胁的心境之下出现。随后，我们的大脑开始同步，让我们理解我们的生命并给我们的行为赋予意义。**原谅能让这一心理状态更加稳定，从而使我们可以以最高层次的自我完成最大限度的自我实现。**

这样一来，原谅可以被看作人类的希望，因为它可以带给我们具有最高执行力的大脑与心态，帮助我们放下不切实际的期望、恐惧和攻击。这也让我们不再局限于低级的慢性脑回路，不被恐惧与“战斗或逃跑”机制所限制，让我们最高的脑功能得以发挥。而且，我们还可以与“上天”联结，使我们的潜能得到最大限度的释放。

原谅不是我们人类大脑的最高级功能。但是，原谅确实是一种让我们可以远离情感风暴和原始应激反应机制的最有力的方式。**拥有一颗宽容之心，我们的大脑可以在更高水平的善意、平静以及解决问题能力上运行，同时会给我们带来最大的创造力——这也正是人性所希望达到的高度。**

第三道关卡

了解了阻碍你原谅的主要障碍，以及感受到表层之下的隐藏情绪之后，现在，你就翻越了原谅道路上的第三道关卡。你已经知道什么是解决难题的最佳方式，同时也消除了各种误解。我希望你在了解和感知的过程中，也得到了一定的解脱。到目前为止，我们工作的核心是：

1. 提高你对造成伤害的情绪的感知度。
2. 放下伤痛的意愿。

原谅的结果和好处可以很容易地归结为，是你的心灵和意识重新回到了最自然的状态。这个所谓的“自然的状态”绝不仅仅是脱离了低级大脑功能的控制，它还是精神层面的。这种精神的联结需要你大脑系统的各部分协调一致地工作。在下一章，我们会深入研究大脑功能的启发和潜力。

“一个人中箭了，但不知道射箭的人是谁。他没有去料理伤口，而是拒绝把箭头拔出来，直到凶手被找到并接受惩罚。与此同时，他的伤口开始溃烂，直到最后，因为毒药，他死掉了。到底是什么杀死了这个人？是弓箭手离弦的箭，还是受害者不放手的愚蠢？”

科林·伯格（Collin Berg），美国作家、讲师

PART.02

第二部分

更上一层楼

- 探究我们的思维
- 冲破牢笼
- 让原谅变得简单
- 原谅背后的力量
- 处理心中的伤痛

第六章

探究我们的思维

我们复杂而神奇的大脑

在我们的身体中，神经细胞聚集最多的地方就是大脑。环绕在我们的大脑的外缘，紧贴头骨的就是大脑灰质。大脑灰质仅有 6—7 毫米的厚度，人的大脑则容纳了约 860 亿个神经细胞。神经细胞，或称神经元，由细胞体与分支纤维组成，它们发送并接收来自其他的神经细胞、肌肉和腺体的神经信号。每个神经元都与其他神经元有大约 10000 个接触点。大脑白质则占据了我们脑腔的大部分空间，这里也是神经细胞的分支纤维相接触的地方。

这些神经元互相接触的次数是一个天文数字（860 亿个细胞乘 10000 次接触）。如果你不吃不喝，每秒在桌子上敲击一下，每天敲击 15 个小时，从不间断（甚至要除去你找医生看手指的时间），那么你也要敲 50 年才能完成约 10 亿次敲击。

每一秒，你所学所做的一切都会在你的大脑里建立新的神经连接，直到你死去。这数以亿计的神经通路让你能够拥有记忆、掌握技能以及参与从出生到死亡的一切生命活动。

你可以把这些神经连接看作大脑里接通你的思维、情绪和行动的高速公路。大脑脉冲的速度大约是 200 英里每小时（约 320 千米每小时）。在你的大脑里，有一条十车道的高速公路以及许多错综复杂的神经小径来勾勒与记录你的一切经历。

为什么习惯都那么难改？

高频重复的行为可以建立最多数量的神经连接，这就和一个城市的高速公路系统一样。如果某一种反应很少被激发，那么它所涉及的神经元数量也会较少。

你尝试的任何新行为，只要经过努力都会变成一种习惯，这就像是在树林里沿着一条前人踏过的路行走。当你要开辟一条新路的时候，最开始一定是最困难的，但是它会随着你的不断努力而变得越来越简单。一开始，你需要清除挡在面前的石头和树枝，但随着你不断地扫清障碍并继续走下去，这条路就会慢慢变得简单起来。同样，你如果想学习一项新的本领，就需要不断开发与之对应的神经通路，这样你才能够更容易地掌握。

当你不断重复做一件事的时候，你就会慢慢开通一条神经的“超级高速路”，这也就是我们所说的习惯。好习惯可以让我们更好地开展工作，提高办事效率。比如，你在开车的时候通常都是依靠习惯，很多时候你都没有意识到自己具体在操作些什么。习惯在很多情况下都是很有用的，但是在你想做出改变的时候，习惯则会变成一道障碍。

如果你花了 40 年的时间来怨恨一个人的话，你就为你的积怨打通了一条神经高速路。如果你习惯于消极地看待事物，你就会不断巩固大脑里的消极反应。这不仅会消耗你大量的精力，而且会导致一些生理问题，剥夺你的幸福感。

习惯会把你禁锢在一种难以改变的状态下，尽管你不喜欢但却很难改变。不断重复想做出的改变通常能够成功，除非常常处于压力状态下的大脑被反复激活应激反应。

什么决定了你的思维?

为了处理我们接收到的信息，我们需要基于过往的经验将这些信息进行分类、归档。除此之外，大脑还会通过一种个人符号的速记方式来存储和找回信息，这种方式只有我们自己知道，因为它是基于我们的个人经历形成的。你不可能知道别人在想什么，因为你不知道他们的方式。不过通常他们自己也不知道，因为这一切都发生在无意识之中。

既然我们会以特定的方式处理经历过的事，当我们在接触新事物的时候就会出现一些问题，因为该事物将要融入已经分类好的经历组中。最有可能的神经通路会吸收这一新的经历。当然，如何融入也取决于当时大脑里最活跃的神经通路是什么。

既然对新事物的体验建立在旧的、已有的体验之上，那么每个人对新事物都会有不一样的体验。

一个在充满爱心呵护的环境中长大的女孩，在谈恋爱的时候也会给她的男朋友带来充满爱意的家庭感觉，让他在感情中更有安全感。然而，如果一个女孩的家庭关系很糟糕，她在谈恋爱的时候很可能会复制家庭关系的模式与她的男朋友对话。如果她对家庭关系毫无安全感，那么她可能会认为男朋友也会像她的父亲或是前夫一样对她进行虐待，因而不会对他产生信任。这种思维定式注定会带来失败的感情关系，哪怕她的男朋友其实是一个非常靠谱的人。

三位一体的大脑

我们大脑的各个部分之间有着非常不可思议的相互联系。20 世纪 60 年代，神经生理学研究员、医学博士保罗·迈克里恩就提出，我们在进化发展的过程中有 3 个独立的大脑，他称之为“三位一体的大脑”（triune brain）。实际上，现代研究人员已经证明，大脑的各个部分共同承担各项功能，并不能被分成独立的 3 个。然而，50 多年来，有关这 3 个大脑——新皮层、边缘系统和爬行动物脑的讨论从未停止，也有很多关于这些理论的书籍，所以这些术语也被沿用至今。

多年来，我在许多课程和工作坊中发现，正如早期的研究所说，将大脑功能分解为 3 个重点领域，有助于人们理解大脑对我们生活产生的复杂影响。虽然我们在这一章对这 3 个功能领域的讨论过于简单，但这确实为我们理解它们对原谅的影响提供了一个基础。

新皮层

人们最了解的大脑系统可能就是大脑新皮层了，这里是我们用来储存信息和记忆的主要地方。大脑新皮层在我们大脑的最外层，前额叶皮层则是我们人类特有的主要区域之一，有些人将其称为“第四大脑”。大脑研究显示，这一区域似乎也是人们的原谅行为发生的地方。前额叶皮层能够协调早期大脑功能的反应。

核磁共振显示，当一个人焦虑不安时，边缘系统会过于活跃而使得左侧前额叶皮层的活跃度大大降低。大脑新皮层的前额叶皮层负责：

1. 产生想法，使我们能够集中注意力并帮我们发展阅读、写作、说话和处理数学问题的能力。

2. 不仅让我们锻炼逻辑思维和条理性，而且发散我们的想象力和直觉。

3. 替代并抑制来自低级脑系统的不当社交反应。

大脑新皮层的最高功能不仅是我们创造发明的载体，而且还管理着我们的祷告和灵修体验。

即使我们现在对原谅研究的成果还不是很完善，你也能够发现长期激活大脑新皮层的功能可以带来许多积极的效应。

这个最新的大脑可以：

1. 为我们的生命与世界赋予意义。

2. 让我们从不同的角度、以不同的方式看待问题，并选择处理问题的最佳方案。

3. 协调低级脑系统的功能，让我们更富有同情心并做出更好的判断。

我们的情绪脑 / 边缘系统

我们的大脑中间位置——边缘系统——是我们的情绪中心，这是一个核桃仁大小的结构，联系着大脑的各个部位。随着边缘系统在鸟类、哺乳类以及某些爬行类动物中的进化，我们脑系统里关于抚养和爱的连接逐渐发展完善，让我们能够：

1. 呵护与保护子孙后代和家人。

2. 产生友情、爱与喜欢、欢乐与嬉戏，同时控制具有攻击性的行为。

这给我们带来了对生活和语言的兴趣，甚至是激情。

“情绪是表达爱的使者。”路易斯（Lewis）、阿米尼（Amini）和兰顿（Landon）博士在《爱的基本原理》（*A General Theory of Love*）中如是说。他们还补充说，情绪代表了我们相互表达感情的信号。对于很多人来说，活着的意义就是与他人建立深层的感情。

这听上去很棒，是不是？但是，不管出于什么原因爱不复存在了，这时问题也就来了。然后，其他的强烈情感，比如痛苦或愤怒，就会占据我们的内心，造成很恶劣的后果。

（由于神经科学领域对控制边缘系统的脑结构存在争议，因此在针对原谅问题的探索中，我们所关注的重点放在恐惧机制和激活恐惧反应的杏仁核结构上。）

边缘系统给我们的生命活动带来了情感，这些情感通过一系列包括恐惧、悲伤、兴奋、欢乐和激动在内的情绪而产生。这些情感能帮我们记住发生在我们身上的各种好事以及坏事，因为我们的记忆总是伴随着情感的输入。事实上，一件事产生的情感刺激越大，我们就越容易记住这件事。

当人们处于压力下和情绪躁动的时候，我们对本能的攻击性行为的控制力就会下降，内心的愤怒情绪、报复和妒恨的心理则会极大地增强，让我们更加难以控制情绪。这种情绪的躁动可以关闭我们的“理智行为”。我们可以称之为“暂时性精神错乱”（temporary insanity），它可能会导致“激情犯罪”（crimes of passion）。

劳尔夫一直因为无法原谅自己的妹妹而感到沮丧，起因是他的妹妹在一次家庭聚会中对他恶语相向。当我们在讨论他的感受时，他说：“感受跟这件事一点关系都没有。我应该还是可以原谅她的。”

难以释怀的事情总是夹杂着强烈的情绪反应。劳尔夫选择不去面对他的感受，这其实会让他更加难以做到真正原谅。我不是说陷入情绪的沼泽是一件好事，但是**承认你的感受可以帮助你放下心中的不满**。

不间断的心理创伤和紧张的情绪会使大脑杏仁核变大，杏仁核会煽动恐惧反应，进一步诱发大脑产生更多的恐惧感。如果一个人长期处于这一反应中，那他就会患上创伤后应激障碍。我们会在第十三章里对它进行详细的讨论。

请记住：因为强烈的情感可能会长时间伴随着我们，所以原谅是需要时间的。

边缘系统为我们的反应系统设定了一个基调，从而影响我们对生活的享受。它是协调所有内在和外在世界信息的总开关，会把收到的信息传达给大脑新皮层来进行思考、计划或处理，也会将信息传输到应激、战斗或逃跑机制的本能脑系统以产生基本的生存反应。通过即时对比现有状况和类似的以往经历，边缘系统可以选择信息传递的方向。

然而，当一个人情绪上感到不安的时候，这个信息处理的总开关便会产生问题。那时，所有接收到的信息都会被标记为不愉快的经历，即便通常情况下并不一定是不愉快的。接着，当边缘系统将新的信息和已经被曲解的信息进行对比时，就会出现信息不准确的情况，而新的信息则会被反应系统划归为危险的信息。一个遭受慢性疼痛困扰或是长期处于被威胁状态中的人，会在脑子里积攒大量的消极记忆。而且因为一直处于应激反应模式，他会感到很不愉快，也会使他周围的人感到不舒服。

阿里克斯是一位治疗师，他在幼年时曾经遭受父亲的虐待，而且他的父亲一直到他长大成人都对他格外严厉，以致他到现在也无法原谅父亲，父子之间的关系一直处于十分紧张的状态。当阿里克斯在工作和身体上出现毛病后，他开始寻求原谅疗愈来帮自己摆脱烦恼。虽然他可以原谅生命中的其他人，但他就是做不到原谅自己的父亲。原谅父亲是他践行原谅的主要目标，他的工作和身体也因此而愈发糟糕。在开始的时候，我也发现很难帮助阿里克斯去原谅他的父亲。还好，在经历了 2 个月的痛苦折磨后，他终于想起了他父亲一生中不断经受的痛苦。想到此，他也理解了父亲为什么这么多年来都性格暴躁、拒人于千里之外。明白这些之后，阿里克斯也就顺其自然地原谅了他的父亲，他在工作和身体上的问题也随之迎刃而解。

从阿里克斯的故事里，我们可以得到两个很重要的启发。第一个启发是，哪怕你只有一个无法原谅的人，这也会导致你无法完全被治愈。第二个启发来自阿里克斯原谅他父亲之后的几周。他回家看望了他的父亲，并告诉我说这是他们共同度过的前所未有的最融洽的一段时光。而且，整个过程中他们没有任何争执或不满，他的父亲甚至对他非常和善。阿里克斯发现是他自己消极的执念影响了他们之间的关系。

当消极的态度被同情与理解取而代之时，他父亲的行为也发生了变化。“我们有一天晚上甚至什么也没干，就在一起听听音乐，聊聊天。我的父亲甚至说‘没什么比这更美好了’。”所以这第二个启发就是，我们对彼此的细微态度，也会对我们的人际关系产生影响。

“你本身要比你所说的话重要。”

拉尔夫·沃尔多·爱默生（Ralph Waldo Emerson）

当消极的记忆占了上风，凌驾于积极记忆之上时，我们的边缘系统会导致：

1. 情绪多变、易怒、临床抑郁症。

2. 消极情绪和负面看问题的态度激增。

3. 积极性和生活的动力减弱。

4. 食欲不振，睡眠不佳。

5. 性欲减退。

6. 社交孤立。

除此之外，还有悲伤、绝望以及大规模的负面思想可能会产生。

精神病学家路易斯、阿米尼和兰顿在他们所著的《爱的基本原理》一书中还提到，我们没法像控制我们的肌肉一样控制我们的情绪。我们不能要求自己“总想着正确的事，或是爱上对的人，也不可能在失望之后感到开心，抑或是在该开心的时候感到开心”。这不是因为我们缺乏自律，而是因为意志仅局限于最新的大脑结构中。“情绪可以被影响，但是不能被控制。”这些博士们如是说。

一些灵修方面的导师和研究大脑的科学家认为，人们可以学习主导自己的情绪，但这需要经过非常严格的训练才能做到。因此，**当你试图原谅别人而对方的情绪反应非常激烈的时候，你不能一味地怪罪他们死性不改。你要理解他们不一定能够在你想要的时间，以你想要的方式发生改变。**

马丁是一个负责任的男人，他把他的家人都照顾得很好。他非常努力地为他们提供最好的生活保障，甚至是做他不喜欢的工作。他所做的一切都是为了让家人过得更好。但是，由于不喜欢他的工作，他经常感到愤怒与疲倦。几年之后，他的妻子再也受不了他的脾气，提出要跟他离婚。他实在无法接受这一切，几近发狂，一度想要杀了他的妻子。（从这里我们可以看出，情绪可以把我们引到积极或消极的方向。）

还有一个类似的例子。瑞克不仅不喜欢他的工作，还不喜欢他和家人居住的城市，是因为他的妻子娜塔丽喜欢这里，他们才在这个城市定居。

当娜塔丽受够了瑞克对她、对生活已经没有了激情的时候，她知道他们的婚姻走上了末路，她带走了孩子，并提出了离婚。瑞克彻底自暴自弃了，甚至想要结束自己的生命。娜塔丽完全不能理解他的痛苦和悲伤，她说："当他在家的时候，从来没见过他对我和孩子有什么兴趣。"

在第一个案例里，马丁多年来不能原谅他的妻子，是因为他不能理解为什么妻子看不到他为这个家庭的付出——牺牲自己去做完全不喜欢的工作。另外，他还觉得他的妻子完全不清楚他每天在单位要面对的是怎样的烂摊子。在第二个案例中，娜塔丽不能理解为什么瑞克会在他们的婚姻即将毁于一旦之时表现得那么沮丧，当她站在瑞克的角度去看待他们的婚姻时，她才真正理解瑞克当时的感受。

我们的情绪会驱使我们以爱或恨的名义做出很多匪夷所思、不合情理的事情。这是因为情绪系统的发展是在大脑新皮层之前，而我们的分析能力又是最后发展且最少被利用的。在青少年时期，大脑新皮层还没有发育完成。青少年之所以会很难对付，是因为负责包括恐惧和攻击性行为在内的即时反应的杏仁核发育较早，而大脑中控制推理和帮助我们在行动前思考的区域——前额叶皮层，则是后来才发育起来的。

边缘系统还跟酗酒、赌瘾、药物成瘾以及甜食强迫症相关。这也是为什么一个人很难轻易戒掉这些上瘾症，而需要有坚强的意志、长期的坚持、协同一致的努力才能做到。因为我们是社会性动物，在一个集体环境中解决各种上瘾症会得到不错的效果。这一点，十二步骤计划在很早之前就发现了。

总的来说，边缘系统给我们的生命带来了激情和兴趣，它决定了我们对周遭事物的反应，甚至让我们给客观事物贴上情绪的标签。为了与大脑新皮层协调一致，它使我们的生命和记忆变得更加丰富。但从另一方面考虑，一旦它激活了我们的本能脑，我们可能会经历一些挫折。

爬行动物脑 / 本能脑

在本书的之前几个版本里，我使用了“爬行动物脑”“R 复合体”（R-complex）和“蛇型脑”（snake brain）这几个词。但是从最新的神经科学研究来看，这些说法并不准确。所以我把有关这些概念的部分都删去了，但是为了读者理解起来更简单一些，还是使用了“本能脑”的说法，以及将本能脑和情绪脑归为早期脑系统。

以下关于领地意识和性意识的基本大脑活动的信息仍然是准确的，理解这些知识对我们的原谅十分重要。除了生理学方面的功能外，早期脑系统还控制着以下基本的生命活动：

1. 领地意识——每一个人的空间就是一个人的王国、一个人的领地，所以我们在面对不同于自己的陌生人时，会产生一定的反应。这一反应的起源就是我们的大脑在保护我们所拥有的。在压力之下，这就变成了“谁闯入了我的领地，我就要攻击谁”。在开车的时候，很多人就是因为感觉自己的“领地”被侵犯而变成了“路怒”者。

2. 求爱与交配的行为和展示——这是物种生存的保障，包括性攻击和性服从，这也是为什么男人和女人会被性欲冲昏了头脑。

3. 与他人的互动——这是我们通过建立一种社会等级制度、一条指挥链来维护社交并处于社会主导地位的动力。说到底，我们都是社会性动物。这也是为什么我们会倾向于随大流、遵循社会准则以及对权威感到敬畏。

4. 仪式性行为——我们遵循惯常的仪式活动，并且在特定的日子进行庆祝，以维持社会矩阵的稳定性，让自己有归属感。因此，惯常的行为和仪式可以给我们提供基本的安全感。这就是为什么我们会有组织性。政府和各类机构背后就有这一力量的推动。在压力之下，这些仪式和活动可能会变成一种强迫性的行为，使人们沉迷其中甚至将其强加于他人。

这一等级的大脑通常会把我们的社会性和群体互动性放在优先的地位。在最高级的影响下，这就是我们原谅的动力；在最低级的影响下，它则会滋生暴力和法西斯主义。

出于对社交和控制的欲望，我们会去模仿、照搬以及欺骗。这些都是为了让我们成为集体的一部分。风潮、流行文化、时尚产业就是建立在这一动力之上的。

上述基本的生命活动有任何一个发生了变化，都将导致我们出现应激反应。恐惧驱使着我们的本能脑系统，使我们产生最基本的恐惧反射，其外在的呈现形式就是攻击或服从。

当本能脑系统接管的时候，你可能感到自己跟着了魔一样，这些都是原始的反应。这些早期大脑反应的任何方面，都跟你认为最高级的自我会做出的举动不一样。所以，你自然会觉得很奇怪。

这些反应可以有很强大的力量。它不会故意让我们丧失能力，这仅仅是它与生俱来的生存本能。它会让我们去攻击、使用暴力、逃跑或是退缩。它会让一个人成为被害者，而它只是遵循了生存的机制。当我们面对威胁时，它所知道的全部就是这些反应。

但是请不要搞错，这并不是真正的你！人们会很自然地将这些应激性的大脑反应看作自己性格的一部分，但其实并不是这样的。这就像是我们不会将一个电脑系统叫作电脑，系统可能会发生错误，影响电脑的功能，但是系统不是电脑本身，这两者有着天壤之别。

我们还需要知道，系统是可以被修复的，其功能也是可以被改进的。我们是一个心理、身体、精神交织的复杂整体，而不只是原始的系统反应。当我们错将自己或他人与这一系统相混淆的时候，我们将没办法让自己开心起来。

有些人是通过认识到这种反应机制是一种需要被纠正的错误认知，而不是一种需要被不断谴责的罪过来找到原谅的。你当然不能说："是恶魔指使我这么做的！"因为我们仍然有责任与这个"恶魔"做斗争。著名的分析学家迈克尔·孔福尔蒂博士（Dr. Michael Conforti）强调说，我们可以感受到自己被生活的模式、天生的品质所支配，这些看上去似乎超越了我们自身，似乎把我们都迷住了。在这本书中，我将许多固定模式都与这些生存机制的大脑活动联系起来。

早期脑系统的控制还会产生其他反应：

1. 紧张和恐慌。

2. 长期对未来抱有悲观的想法。

3. 避免发生冲突或进行攻击。

4. 动力不足或用力过猛。

对改变感到不舒服，希望一切维持原状，是处于早期脑系统控制下的标志，会让我们不断重复一样的行为，让我们无法从过往的错误中吸取任何教训。压力是早期脑系统出现不计后果、不加思考的行为的驱动力。然后，早期脑系统的核心信条就变成了"强权即真理"，对于另外一个人来说可能是"躲起来"或是"快跑"。

罗德饱受早期脑系统支配的痛苦，他无法很好地处理问题或分析状况，甚至经常使用暴力来解决问题。当他还处在青少年时期的时候，他就已经是监狱的常客了。他曾对他的妻子实施暴力和性虐待。他还会控制妻子的钱、她要去哪儿以及她和什么人见面，并要求她对自己的命令马上服从。因为担心孩子的安全，他的妻子对罗德的要求唯命是从。但是，当他开始对孩子施加暴力的时候，她才意识到他们面临的危险。她曾向妇女咨询中心寻求帮助，并躲到一个"安全屋"里。罗德千方百计地找寻她的下落。幸运的是，他最终没能找到那个妇女儿童庇护所。

当罗德跟我介绍他的童年经历以后，我可以理解他如何发展成了现在的样子。罗德的父亲是一个酒鬼，在他 2 岁的时候，他的父亲就用皮带抽他，拳脚相加。他从来不知道什么时候父亲会突然发火，然后实施家暴。听到这里，我意识到为什么他的生活是这个样子，他根本不知道别的应对办法。

如果他的妻子来找我做心理咨询，我是绝对不会建议她回到罗德身边的。但是我会试图让她理解为什么罗德会成为那样的人，这样她就不会去记恨他，或是痛恨自己为什么跟他在一起过。我不会去评价罗德的所作所为，也不会纵容他的行为。当然，我也不会让他的妻子这么做。我会通过原谅疗愈来鼓励她，帮她释放心中的愤怒，疗愈她内心的创伤，让她以积极的心态面对未来的人生。这样，她就不会有负面的态度和举动，也不会给她的孩子或他人造成心理创伤。

请注意：那些没有处理深层心理创伤的人更有可能做出应激反应，因为他们的大脑系统已经受压力控制很久了。他们通常不知道有什么别的方法来应对压力。即便是那些令人尊敬的人，长期处于压力之下，比如战争或邪教组织的影响，也可能开始越来越多地产生应激反应，做出一些不正常的举动。明白这一点很重要，尤其是在你试着原谅自己，或当你被本能脑的反应以及边缘系统的反应吞噬的时候。这些早期深层脑系统的生存功能十分强大，如果受到的压力或恐惧足够强烈，我相信任何人都会开始表现出一些大脑处于长期压力下的反应。即便如此，我们也不应以此为借口，让这些应激反应继续。幸运的是，有很多工具可以帮你找回真正的自我。**原谅就是一个让你可以走出生存本能困境，并充分享受生活和正常的生命机能所不可缺少的工具。**

你生活中的长期压力需要被降低。除此之外，也是最重要的一点，你必须知道自己是被控制了，然后你需要竭尽全力来摆脱这些原始反应的控制，这需要很强大的决心和信念。除了你自己，没有人可以替你做到这一点。这也是一些专业人士的心理咨询可以提供帮助的地方。当然，十二步骤计划也可以有所帮助。

雷吉是一个好人，他待人友善，乐于助人。不过，有时他会疯了一般地发怒。原谅给了他一些帮助，但有时候也不是很彻底。他的 PTSD 来自越南战争，并且仍然时不时地在他感到有威胁和害怕的时候发作。就像他所说的：“有时候我其实知道自己会失控。现在我明白，当我失控的时候，我不能给控制我的那股力量投喂任何养料，哪怕只是一小口，因为它会在瞬间把我彻底吞噬。”

恐惧管理

理解了大脑的应激反应机制，我们就能明白为什么“恐惧管理”是各种管理风格里效果最差的一种了。这种方式或许可以带来一定的成效，但是到头来，它不仅会摧残你的员工，而且会给公司本身带来伤害。

如果你所在的公司使用了恐惧管理的方式或者有一个这样风格的经理，那么你要知道，自己想要原谅的人可能正是受到了这种压力模式的支配。你也可能这样。邪教组织和一些团体也是在这个层面上运作的。他们或许会公开宣称“造物主是充满爱的”，但这绝对不是他们的生活信条；他们是生活在恐惧中并且宣扬恐惧的。让人们感到恐惧和持续的压力是一种洗脑方式，这会导致受害者去做一些他们平常不会做的事。

为了避免被早期脑系统支配，你必须愿意以旁观者的姿态来审视自己的行为，就像是在观察他人一样。而事实上，这的确不是你。通过这个脱离自我的角度，你不会产生过激的反应，你可以问自己一些问题去试图理解是什么导致了这些反应。我建议你在这样尝试的时候，找一个或几个可以客观看待你的伙伴一起。如果你出现了过激的反应，他们可以给你帮助。

杰出的教育家伊莱恩·德·博波尔博士（Dr. Elaine De Beauport）说，本能脑会抗拒任何来自边缘系统的新欲望，以及来自大脑新皮层的新决定。她认为，这种抗拒力也就说明了单靠意志力本身，“无论多么强大或是出于多么好的初衷”，都不能够在很大程度上改变我们的行为。

我之前提及过一位研究生活模式的孔福尔蒂博士。他说，首先你需要意识到你确实被一种生活模式控制；然后再进一步探索，积极地反思并通过研究这一模式来认识到它在你的生活中是如何不断重复出现的。想要做到这一点，找一个心理治疗师会更加有效。

现在，让我们仔细回头看看那些难以释怀的情形，让我们看看这一章的内容可以怎样帮助我们换个视角看待那个我们想要原谅的人。

如何让大脑以最佳状态工作?

鉴于我们每分每秒都会受到大量的外在刺激，我们的大脑能够将我们的生活精心编排成一部由各种行为和决定组成的交响乐，这简直就是一件不可思议的事情。我们的大脑组织相互交错、相互交流，但是它们的结构、特性和化学基础都是不一样的。尽管它们有着各自独立的结构，但是科学研究清晰地表明，它们并不能独立地工作，我们超级复杂的大脑可以在同一时间进行各个不同层次的互动。在安全的环境中，它们能够达到共同工作的最佳状态，使我们的意识可以像交响乐一般和谐而不是像战场一般纷乱。

生存功能是内置于我们的神经系统中的，不允许我们时时刻刻都可以完美地完成我们想要完成的事情。在危机中求生存的能力靠的就是这些机制的迅速反应，而它们也经过了数万年的发展。在威胁（恐惧）或绝望的高压情形下，早期的脑系统会很容易地接管大脑机能，让我们在面对困境时失去了同情心以及有条理地分析的能力。战斗、逃跑或僵住只是我们的生存反应的一小部分。当它们在错误的时间出现在高度复杂的现代社会中时，则会造成尴尬和社会的否定，有时甚至会导致一些法律后果。

请记住：既然大脑在不受威胁的情况下可以更好地施展它的神奇法术，那么当你在进行原谅疗愈或是感到不顺的时候，请确保自己处在一个舒适的环境中。这样你就可以冷静下来，你的高级思维能力也可以和谐地工作，去处理无法原谅的压力情形。

我们时常看似被囚禁在我们的压力反应之中，但是，这同一个大脑也可以给我们带来最完美的时光。在下一章里，我们将研究如何更好地处理生活中的挫折、焦虑和各种无法放下的事情。

"当我们积攒对他人或自己的消极情绪的时候，或是当我们故意要给他人带来痛苦之时，我们会毒害自己的生理和精神系统。迄今为止，给人们的心灵带来最大毒害的就是一个人无法原谅另一个人，这会使一个人丧失情绪资源。我们面对的挑战……就是去提高我们爱他人、爱自己的能力，并使原谅的力量得到发展。"

《慧眼视心灵》（*Anatomy of the Spirit*），

凯若琳·密思（Caroline Myss）著

第七章

冲破牢笼

“不要把任何一个人关进你内心的牢笼。用释放代替囚禁，你也可以获得自由。方法很简单。每当你感到怒火中烧的时候，请意识到你握着一把横在自己头上的剑。这把剑是落下来还是被移开，取决于你是选择禁锢还是自由。”

《奇迹课程》（*A Course in Miracles*），第 192 课

处理情绪的伤痛

处于紧张状态的大脑看起来就像是监狱的看守，把我们和他人关起来进行惩罚。在这一章，我们将探讨有哪些方法可以让紧张的大脑得以放松。

寻求外界帮助

那些来自外部的、帮我们做到原谅的支持和帮助是非常宝贵的，然而它们的价值总被忽视。如果你置身于原谅的实践者当中，那么他们的经历可以帮助你去原谅；与从事原谅治疗的专业人士交流，也可以帮你学习如何去原谅。

当你在实践过程中遇到了瓶颈时，小组或个人的帮助会出乎意料地有效。通常情况下，你无法摸清自己的人生模式和规律，特别是这些模式和规律可能跟你早年的经历息息相关。

有没有一个互助小组、心理咨询师或者十二步骤计划课程可以帮助你度过人生的消极阶段，使你重拾对生活的乐观态度。找到一个适合自己的方式。如果你参加了某个组织或冥想小组，好好利用这些支持来帮自己践行原谅。

范德堡大学唐纳德·霍尔博士（Dr. Donald Hall）的研究表明，社会支持和社会交际会影响以下几个方面：

1. 人们是否能良好地面对生活中的压力，以及他们的幸福度和满意度。

2. 当一个人面临危机或者严重病症的时候，他的人体免疫系统和求生欲是否有效。

社会交际甚至还可以预测一个人的寿命长短。

“爱与亲密的行为对我们的身体健康有着重要的影响。与不抽烟、坚持锻炼、保持饮食健康相比，社会支持和交往对促进健康、延年益寿有着同样重要的作用。”

迪恩·奥尼士（Dean Ornish），医学博士

你身边是否有一个可以在原谅的道路上给予你帮助的人呢？

我们的舒适地带

当我们不得不离开自己熟悉的事物时，我们的大脑就会释放出一种让人不舒服的信号，我们称之为压力。我们每个人能够承受的压力强度不同。有些人可以轻松自如地管理一个上百人的公司，但可能在面对亲密关系的时候就显得极端焦虑；还有一些人可能无法担当重任，但在处理亲密关系方面游刃有余。

待在我们的舒适地带可以让我们有安全感。相反，可怕的环境会造成我们的不适、害怕甚至恐慌，使我们无法逻辑清晰地思考问题。因此，最佳的学习环境一定是没有敌意的。

我们的舒适地带并不总是对我们最有利的地方，却是我们最熟悉的。比如说，那些生活在战争地区的人们，即使那里充满危险，随时可能受伤，他们有时候还是要回去。很多时候我们以为自己做了最好的决定，但实际上，回到熟悉的家庭模式、回归以前的行为模式不仅没有什么用，还将自己置于危险之中。

我的朋友就给我讲了这样一个例子。“这就像是在一座大桥上行走，人行道的一边是行车道，另一边有扶手。因为恐高，我更倾向于靠近有车的那一边行走，而不是沿着有扶手的那一边走。如果我不小心失足了，我将会跌入车水马龙之中而不是得到扶手的保护。我其实很确定行车的那一边更危险，但让自己走在更安全的位置也需要很大的勇气。”

马里奥从小就痛恨他的父亲，因为自己不听话就会被父亲打。马里奥甚至讨厌他的父亲，于是在很小的时候就离家出走了。只要有人冲他大喊大叫，马里奥就变得烦躁不安。如今，当马里奥的儿子不听话的时候，马里奥也会打他骂他，就像父亲曾经对待自己那样。每次马里奥大发雷霆之后，都会感到无比内疚和抑郁，因为他不知道自己为什么会这样做，也不知道要怎样改变它。

在压力状态下，强烈的情绪、痛苦的往事和心理防御机制会在我们意识的表象之下，也就是在潜意识里对我们发起攻击。因此，当我们需要原谅他人或自己的时候，我们必须认真思考压力在这些情况下扮演的角色。

我们所处的社会结构是高度复杂的，原谅是人类最高级的功能之一。然而，当我们情感上出现不安、抑郁、不知所措、愤怒或怨恨时，我们便无法发挥出最高级的功能。在这些情况下，原谅虽然很困难，却是至关重要的。

理解其中的道理

新皮层有一个很有意思的行为，它能够将我们的视觉印象变得平滑流畅。当我们的目光扫过眼前的一片画面时，我们的眼球其实会出现极其微小的跳动，而眼球跳动之间的视觉片段是十分模糊的。不过，新皮层的存在就使我们对视觉的感知变得连贯起来，图像的接缝处也被填充完整，这样我们看到的画面就是连续流畅的了。

虽然对于跳跃的视线来说，新皮层发挥了相应的作用，但同时它在填补接缝方面产生了一个问题。在《意外的想法》（*The Accidental Mind*）中，约翰斯·霍普金斯大学的神经科学教授大卫·林登博士（Dr. David Linden）告诉我们，这个具有创造力的脑结构还可以从记忆中提取原始素材，用同样的方法编织出一个有连贯性但又稀奇古怪的故事。正因为如此，人们在犯罪现场或出现意外状况的时候，对事实真相会有不同的认知。

我们在舞台催眠表演中可以看到类似的现象。一个人在被催眠以后会听从指令做出某些动作，当他从催眠状态中清醒之后再来根据指令做动作时，他会为自己编造各种理由来解释自己为什么会这样做。这就是新皮层在试图理解所发生的事情。

根据你的大脑应激系统如何被激活，新皮层将会利用你看到的画面和“事实真相”去创作一个故事，而这个故事中包含了所有使其显得通顺流畅的元素。在创作的过程中，新皮层会使用一些当前已有的可用数据，但通常这些内容被加上了情绪的滤镜。一个受到惊吓的人通常会看到恐怖的画面，不管他们的反应有多么奇怪，他们都会为自己辩解。

以上讲到的内容对原谅的启发是非常重要的。你根据所看到的和所知道的“事实真相”讲给自己的故事，可能并不准确，它很可能是新皮层为了捋顺事件经过而编造的故事。我们习惯性地认为自己观察仔细、思绪清晰，但事实上并非如此，其中可能存在着接缝。我们的大脑不是建立在理解道理的基础上，而是建立在下意识的反应的基础上。在原谅自己和他人的过程中，必须要考虑到这点。

我们的外在世界是如何反映内心世界的?

我们看到的世界经常是令人不安的，但我们看到的只是组成图案的发光粒子和光波。从生理学上讲，光线穿透我们的眼睛，汇聚在视网膜上，视网膜再将这些光线的图案信号传递给视神经。而在我们意识到看到的是什么之前，大脑已经完成对这些图案信号的翻译了。为了达到这个目的，我们的大脑将会提取“经验和信息数据库”，对看到的事物进行翻译和解释，同时与之相关的情绪也会被牵扯进来。

我们在刚出生的那几年，会迅速地扩充大脑的信息数据库。从在我们生命中最早出现的那些人身上，我们逐渐学会认识身边的环境，他们教会我们认识不同的事物以及它们的作用。同时，他们还将对这些事物的情感偏见传达给我们。我们对所有人生经历的解释，都来源于我们人生中的第一批老师——妈妈、爸爸、兄弟姐妹和其他与我们亲近的人。妈妈是我们生命中最初的情绪和信息来源，当我们还在妈妈肚子里时，这些信息就已经在传递了。你人生中第一位老师的影响是不可估量的，他不仅影响你如何看待和体验这个世界，而且还会影响你观察到、感受到的是什么。

哪怕是像颜色一样简单的事物，都可能会造成强烈的情绪波动。举个例子，如果一个母亲因为过去经历的创伤而讨厌红色，那么她将会把这种偏见传递给自己的孩子。她根本不需要告诉她的孩子红色是不好的，孩子自己会从母亲说话声音的改变以及面部表情的变化中得到这个信息。

一个在成长过程中受到家庭虐待的孩子，通常会认为这个世界是不安全的、可怕的。同样，如果孩子的父母偏执多疑，那么这个孩子大多也会对周围的人和环境感到惧怕。当父母和孩子的内心充满恐惧时，他们的低级脑功能便会较为活跃，那么理智的思维和积极的情绪，比如愉悦，就不太可能会出现。

与之相反，在充满爱的环境中长大的孩子一般会更有安全感，他们眼中的世界比挨打受虐的孩子眼中的要安全得多。心中充满安全感的孩子更能理性地思考问题，而且也更能感受到幸福和快乐。有研究表明，小孩在刚生下来第一年内如果没有受到抚摸，他们很可能会夭折。即便能活下来，这些孩子对他人和生活的情绪反应也会非常糟糕。

我们的内心世界决定了我们会以怎样的方式看待外部的世界，因为我们对所见事物的反应来自我们的父母、家庭成员以及我们的出生地和国家。来自不同文化和家庭背景的人们，对同一件事情往往有不同的反应。**我们大脑的应激反应，尤其容易受到我们熟知的人、集体文化思想的教导和偏见的影响**。

奇怪的是，那些幼年时给我们造成影响的人可能并非值得尊重，他们的观点也令人不敢苟同，但我们依旧接受并还在使用他们灌输给我们的方式来应对问题。因此，想要改变习惯性的应对方式，你必须找到最初被灌输的信息，然后付出很大的努力去转变它。这并不是一件简单的事，因为你早期的训练和情绪反应已经跟随你很多年，而且这来自你早期的大脑思维模式。不过，重新审视你的行为准则和行为预期将为你带来无法估量的自由和解脱。心理治疗可以帮你进行自我审视。

艾伦已经有55岁了，对于能否找到一个相亲相爱、白头到老的伴侣，他早已心灰意冷。他是一个专业素质高、形象良好又很聪明的人，却从来没有经历过长期的感情。在我的课上，他经历了一段痛苦的日子，无法原谅自己的母亲。因为这个过程异常艰难，所以他决定深入探索最初母亲对自己的教导，他把这个过程称为“洗脑”。他还特意搜寻了母亲不经意间传递的一些微妙信息和立下的规矩。

“这是我这辈子干过的最艰难的事了。”艾伦承认说，“我讨厌我妈在我小的时候那样对待我。她对我过于保护，担心我做的每一件事。如果我没有给予她足够的关注，她会感到非常受伤。当我再次审视我们之间的关系时，我很惊讶地发现自己会期待其他女性给我特别的关注。如果她们没有特别关注我，我便认为她们对我没有兴趣。”他继续说：“怪不得我从来没有哪一段关系可以长久。我没有给予任何人机会。事实上，我不希望那种窒息的感觉再回来，更糟糕的是，我觉得不管我做了多少，我对伴侣的付出都是远远不够的。在我看来，女人就是一个无底洞，虽然我知道这对每一个和我交往过的女人来说都不公平。”艾伦知道为什么他的母亲会那样做，并且他也原谅了她，但是正如他所说：“看起来似乎我永远不会有一段认真的感情了，这简直太可悲了。”

这个例子向我们展示了艾伦的外在世界是如何反映他的内心世界的。姑娘们对他没有兴趣，是因为他会评判她们。好在艾伦有很强的觉察能力去认清自己早期的行为模式对生活所造成的影响，这也会激发他产生深刻的领悟。在这之前，艾伦也是用了很多年时间努力去进行内在的梳理工作，因此才能够有技巧、有方法地看透自己的内心。我和艾伦的社交圈子存在交集，所以我有机会了解到艾伦在不到一年的时间里，已经重新开始了一段稳定的感情并且看起来很有希望走入婚姻的殿堂。

“生活不能脱离我们而存在，生活是存在于我们心中的，我们的思维方式决定了我们的生活经历。”

吉姆·罗斯梅格（Jim Rosemergy），作家

类似的负面行为习惯，我们在小孩子的身上经常可以看见。再次申明，**外在世界是内心观念的反映**。如果一个人在小的时候被教导说另外一个种族的人是低等的、不好的，那么他会一直戴着有色眼镜去看那个种族的人，直到有新的不同观念被输入大脑。在我们人生的早期阶段，我们会被灌输很多不同的偏见和消极的反应。直到我们长大成人，这些偏见和消极反应依旧会持续影响我们，除非我们能够有意识地去选择研究这些早期的行为模式。原谅的过程恰恰可以改变我们的习惯性反应，这样我们就可以更加高效地拥抱事实与真谛。

你是否也有过这样的经历？你开车经过一个小镇，饥肠辘辘，这个小镇上没什么餐馆，但是因为你实在太饿了，这一点就直接影响了你对这个镇子的整体印象。如果你感到很生气，那么关于这个小镇你可能记住的只是不友好的人们和负面的问题。同一辆车里的另一个人可能会受其他因素的影响，对这个小镇的印象是截然不同的。当有人问起这个小镇怎么样时，车里的每个人都会有不同的回答，有些人甚至会带有极其强烈的情绪。

改变我们的反应

由于我们的本能反应是习惯性的，所以改变它们需要实际的检测和评估。你所感受到和看见的只是你的反应，并不是真实、客观的。如果你能记住这一点，当你再次遭遇不安时，你可以试着去放松、深呼吸或者去祷告，来改变你的体验。要知道，如果你对生活中所进行的事情不喜欢，你完全

有能力重新审视并改变你的反应。

对这点有了足够的认识以后，最好的结果就是拥有一颗谦卑之心。**当我们学会用另外的方式去看问题的时候，谦卑的心态就自然而然地产生了。你看问题的方式并不是唯一的。谦卑之心帮你打开了通往宁静与原谅的大门，将引导你实现一直追求的情绪转变。**

我们的标准

出于对完美主义的追求，我们有时会用不切实际的标准去要求他人和自己。认识我们的衡量标准并对其重新评估，这一点对原谅和满足非常重要。

斯坦福大学著名的原谅项目研究员——弗雷德·鲁斯金博士，把这些称为“我们的标准”。有效沟通专家马歇尔·卢森堡博士，称其为“我们的价值观”。这两个名称都可以帮助我们深入了解我们是如何评判他人的，而正是这些评判标准阻碍了我们去原谅。

我们习惯性地认为评判性的分析方法可以帮我们更好地看待事物，但我们经常会滥用这种分析方法对人进行批判和谴责。正因为如此，我们总会使自己或他人沉浸在失败的伤痛中，而不是站起来，重整旗鼓，继续前进。

我们的生活需要这些标准、价值观和规则，这是促进社会进步、文化发展以及个人成长的必要条件。但是，随着我们的评判变成了对自己或他人的谴责和攻击，问题就出现了。

当我们在心里或嘴上攻击他人的时候，我们必然会不开心，更极端的情况则会酿成悲剧。近年来国际上某些地区持续不断的战乱和恐怖袭击事件，就恰恰说明了这个问题。

我这么说并不是宣扬要降低我们的标准，而是建议去了解你的标准有什么样的依据以及是否真正合理。我所希望的是即使没有达到标准，我们也能够对自己和他人少一些批判。如果这些标准是有价值的，那么就继续坚持。

我们平常所说的“原罪”（sin）一词本身来自希腊语，它的本义是“错失目标”。当你没有达成自己的目标的时候，你会不断去练习，努力让自己做得更好，直到目标达成。通过不断评估、修正自己不切实际的期待，专注于那些有价值的目标，你才能得到你所向往的东西。

不切实际的期望大都来自他人的看法。一些由受害者组成的原谅团体可能会受到疾恶如仇者的谴责，只是因为他们已经原谅了凶手，选择不再被仇恨所伤害。

尝试这么做：想要明白他人是如何影响你做出原谅的决定的，先试着去了解家人、朋友们的意见，特别是在你面对困难和问题的时候。

1. 他们说了哪些话，让你无法原谅那个人？
2. 如果你还是选择去原谅，他们会怎么想？

考虑这些问题会让你更深入地了解社会和文化方面的预设或思维定式，帮你清除原谅道路上的一大障碍。

外界致命的准则、评判和期待

如果你不喜欢你眼中的世界，那么你可千万别跳过这一部分的内容。如果我们想让潜意识对我们的影响少一点，其中一个有效的方法就是要清楚我们持有的态度。正如上一个部分所提到的，在我们的行为和思维之下其实埋藏着准则、评判和期待，这些通常是被低级脑功能的生存机制所驱使的。

我之前也提到过，原谅他人之所以很难，大多是因为我们幼年时家庭乃至整个社会教给我们的生存规则和情感规律。我们依据它们来做出自己的评判。换句话说，这些背后的规则和规律决定了我们的标准，以及是否要去原谅一个人。但是在沉重的压力下，哪怕这些规则和规律是有效的，我们依然可能会扭曲对它们的理解和认知。

我们的家庭、同龄人、老师、社会文化和国家，都会在情绪上影响我们的：

1. 价值观念。

2. 行为准则。

3. 对他人的期待。

特别注意：我们被教授的东西并不一定都是真实或有用的。即便处在同一个国家，我们在思想文化和社会方面的价值观也会因为家庭的不同而存在差异，这种差异在不同的国家和文化之间会体现得更加明显。作为对自己负责的成年人和公民，我们需要对小时候被教导、灌输的内容进行重新思考和判断，特别是当我们的目标没有达成的时候。

如果别人破坏了你的规矩，使你感到非常不爽，你可以很确定这些情绪反应不是来自高级的脑系统，而是低级的大脑结构。这里我指的是一些强烈的情绪反应，比如一个人可能只是发表了自己的观点或做出一些除了你之外其他人都可以接受的事情，但却激发了你的愤怒，并且让你想要攻击、伤害他人。这里指的当然不是被虐待或财产被侵占，但如果真的是在那种情况下，我们的反应会更加极端和激烈。

情绪给生活增添了情趣。不过，如果情绪控制了你的生活，让你不开心，那么是时候以原谅的眼光来重新思考你的规矩、期待和评判标准了。新皮层的功能就是去掌控这些早期大脑遗留下来的态度和行为。你必须给那些可能毁掉你生活的情绪设定一个界限。

内德的妈妈经常告诉他："你跟你爸简直一模一样。"但是内德其实并不像他的爸爸，这句话给他造成了很大的负面影响。多年来，内德一直认为自己的爸爸一无是处。之后在一次有关原谅的冥想训练中，内德回忆起他妈妈之所以认为他爸爸非常糟糕，是因为妈妈小时候曾经遭受虐待，他意识到这段经历破坏了妈妈对天下所有父亲、所有男人的印象。理解了妈妈的看法之后，内德很快就原谅了妈妈对他喋喋不休的责备。

原谅需要你站在不同的角度去看问题，而不是通过你习惯的方式，这样，过去产生的影响就会发生改变。我们的行为准则可能来源于一些负面的事情，重新审视这些准则能够使你清楚地判断它们现在是否依然有效。

玛丽是家里的独生女，她在农村长大。因为没有兄弟姐妹，她大部分时间都是自己度过的。皮特则来自意大利的一个大户人家，他是在城里长大的。一开始，这些不同点给两人带来了很大的新鲜感。玛丽喜欢皮特的大家庭；皮特也觉得玛丽给他的生活带来了平静，给两人创造了很多私人时光。家人都在身边的时候，皮特也感到很舒服。但是好景不长，这样的状态持续了一段时间以后，玛丽开始抱怨自己没有个人独处的时间。每当有家人在身边的时候，玛丽就会开始批评皮特，皮特当然也会针锋相对。很快，他们发现两人之间的差异是无法调和的。

幸运的是，皮特发现了原谅训练法。每当玛丽跟他闹情绪的时候，皮特会试着放下自己的不安，寻找内心的平静，以此来拯救他的婚姻。皮特发现，与正面冲撞相比，保持冷静更能让他理解玛丽。"终于，"他说，"当我用'原谅的耳朵'去倾听的时候，我们能够想出一些调和我们之间矛盾的有效办法，拯救我们的婚姻。"

皮特很清楚地认识到不能再固执己见，不能再认为自己的方法才是唯一的出路。尽管他很想去各种家庭聚会，但还是慢慢不再参加了。玛丽很感激他能为自己这样做，因此变得对参加聚会不那么抗拒了。在调节差异的过程中，他们达成一致，把离开家庭聚会的时间比之前提早一些。玛丽也意识到，如果可以早些离开，她并不介意参加聚会。经过这番努力，他们收获了相互理解。

一个为你设计的日记练习：

为了判断你的行为准则是否有效和实际，你需要：

1. 把所有你认为被那个人破坏的规则，全部列出来。

2. 针对每一条内容，问下面两个问题：

（1）这条规则是怎么来的？

（2）这是一条有效的规则吗，还是需要进行修正？

3. 接着再问：

（1）我是否对另一个人怀有不切实际的期待，希望那个人能够遵守这些规则？特别是，如果我在某种程度上也并没有要求自己去遵守这些规则，那么我还会有那些期待吗？

（2）我也同样不切实际地期待自己遵守这些规则吗？

写信练习

写三封书信是我认为对原谅帮助最大的小练习之一。（本章将会着重介绍前两封信；在本书的后半部分，你会学习到第三封信的内容。）

沟通对我们的存在至关重要。在早期的孤儿院里，那些几乎没有与人接触的婴儿有的死去，有的变得沉默寡言、性格孤僻，甚至会发展为反社会人格。当我们去分析无法原谅的情况时，我们通常会发现这里面存在着严重的沟通问题：沟通过程中造成了伤害、拒绝沟通或是沟通的缺失。尽管你可能不想重新建立起沟通，但你必须正视沟通的问题，因为我们通常是用沟通或者不沟通来表达我们的不安情绪的。

我第一次接触到的类似的写信疗法是由约翰·格雷博士（Dr. John Gray）提出的，而把这个方法介绍给我的人是罗伯特·普拉斯（Robert Plath），他生前是全球原谅联盟（The Worldwide Forgiveness Alliance）的创始人兼执行董事。罗伯特是一个具有人文关怀的律师，他把毕生精力都用于原谅的推广，让原谅疗法在全世界能有更广泛的应用。他最初的一个构想就是设立"国际原谅日"，并使之成为一个全世界范围内都庆祝的节日。

写信疗法的步骤和顺序来自我们的真实经历，是我们面对不安情绪时的经常性反应。首先，我们会跟冒犯自己的人对质，在试图跟他理论的过程中，我们可能变得情绪失控、暴躁不安。然后，对方会做出回应，在理想的情况下，不安会逐渐消失，联系也会被重新建立起来。

受伤的信

原谅是一种情绪化的行为，因此我们必须首先弄清其中涉及的情绪，然后将它们逐一释放。

写一封信给那个你想原谅的人。在这封信里，你需要清楚详细地说明这件事是如何给你造成伤害的，以及你现在对这个人是什么感觉。**用这封信将你对这个人、这件事的所有情绪和想法都发泄出来**。你不需要在这封信里给对方任何好脸，你要毫不犹豫地把所有不满写出来。

在这一步，你还要把对这个人所有的痛恨和失望都大声说出来，表达自己是多么生气。写下所有情绪这点非常关键，这样，你就不至于在碰巧面对面遇到这个坏蛋的时候，甚至哪怕是想到这个人时，情绪爆发和失控。

一定要考虑以下几个问题：

1. 他们是怎样伤害我的？

2. 这件事中有哪些具体的情况让我无法原谅？

3. 过去的哪些片段会让我想起这些伤害？

4. 这件事中有什么东西会使我丧失原谅的力量和勇气？

把你的感觉也写下来。这些问题可以帮助你描述你的情绪：

1. 当这件事中的这个人出现在我的脑海里时，我有什么样的感觉？是悲伤、抑郁、愤怒、愧疚、受伤，还是焦虑？

2. 除去这些主要的情绪，是不是还有一些其他情绪隐藏或夹杂在其中，比如尴尬、丢脸或羞耻？

3. 我是否愿意触碰这些情绪，而不是回避它们？

在这封信的中间段落，如果你能回忆起之前发生过的类似的情况，那么请把它也写下来。不管这种情况是同一个人造成的还是由另外的人引起的，一定要把它记下来。记住，对往事耿耿于怀通常会使你对新的痛苦也无法释怀，因为新的事件与旧的情况在大脑神经上很可能是紧密相连的。

在这封情绪泛滥的信中，你要尽可能把所有想说的内容写下来。写完之后再重新读一遍，看看是否还有可以添加的部分。然后把信放到一边。有些人也会在这时充满仪式感地把这封信烧掉。虽然你可能很想把它寄出去，但请遏制住这个想法。写第二封信的时候，才是你慢慢产生理解的时候。

现在，让我们开始看下一封信。

回应的信

换位思考、聆听他人是非常有效的方法，我对此有很深刻的理解。这不仅因为我受到过婚姻家庭方面心理咨询的训练，而且与我在夏威夷工作时，曾接触到一个被称作“荷欧波诺波诺”[①]的家庭关系疗愈过程和仪式有关。这是夏威夷一个古老的传统习俗，当家庭关系出现问题、直系亲属间出现不和谐的因素时，家庭成员们会聚集起来进行这个仪式。如果是发生在大家族的话，有时候甚至可以召集20多人参加。

在传统的荷欧波诺波诺中，每位家庭成员，从小孩到老人，都要说出他如何受到这种不和谐的问题的影响。原谅就这样逐渐发生，和谐也重新回到了家庭中。这个分享会的过程可以非常投入，有时甚至会持续好几天，每个人都有机会表达他们的感受、弄清实际发生的情况。慢慢地，大家会主动想要去原谅事件中涉及的所有人，这一点对重新建立和谐与善意十分重要。

写第二封信的时候，你要站在那个人的立场上。虽然是从那个人的角度出发对你的每一点不安情绪做出回应，但是信的内容还是要以他的经历为主。你要假装自己是那个伤害你的人，然后写一封信给自己，装作是他的口吻，从他的角度讲述这件事的经过以及为什么这一切会发生。

当你在这封信中解释说明了他过去的经历之后，把你想从他口中听到的话写下来，让他表达出读到你的悲伤或不安时受到了怎样的触动。要让他给出你想要的答案，这一点非常重要。如果你希望得到道歉，就一定要把它写下来。如果你希望伤害你的人深刻反省自己的行为，那么就让他在信中忏悔。尽管这封信只是希望性的答复，但你可能会惊讶地发现它是多

---

① 来自夏威夷语 Ho'o Pono Pono，翻译过来是“改正、矫正”的意思。——译者注

么深刻而有效。

虽然你知道这封信是自己写的，但是在透过那个人的视角去写信的过程中，你会发现一些变化正在发生。当然，曾经有几个学生这样告诉我，那个人绝对不会说那样的话。在他们意识到这一点时，他们其实也承认了期待那些不可能得到的东西是不会有结果的，因此便会解开心结。

为了协助达到这个境界，我曾经对来访者使用了催眠疗法，让他们想象自己如愿以偿得到了道歉、解释等。你也可以自己试试这个方法：全身放松，想象自己得到了对方的道歉，或得到任何你希望从那个人那里得到的东西。研究表明，我们的意识有时无法分清哪些事情是在催眠状态下发生的，哪些是真实发生的。这样，在大脑深度放松的状态下给予你自己想要的，可以使你对这件事的情绪和态度有所好转。

想要真正了解一个人的世界观，你需要站在他的角度去看问题。如下几个问题可以为你提供参考：

1. 把你认为指导这个人行为的道德准则写下来，这些道德准则会对他做的这件事有一定影响。

2. 他是怎么看待这个世界的？他害怕什么，热爱什么？喜欢什么，不喜欢什么？

3. 在他的家庭中长大是一种怎样的体验？

4. 来自他的文化或时代，又是一种怎样的感受？

5. 他的问题是什么？

6. 他的情商如何？

7. 他对你、对他人有着怎样的期待？

如果你不知道这些问题的答案，那么说明你对这个人不够了解，也就没有谴责他的理由。

在你写信的过程中，你会感到越来越释然。理解会帮你减少情绪的波动，而同情心则会带来原谅。

如果你还是无法释怀，那也没关系，请继续读下一章。原谅疗愈会带来滚雪球般的成果。如果你在每一个阶段都尽自己的努力做到最好，你会顺利地进行下去。可能在某一个阶段，你就会发生很大的转变，从而放下伤痛。

写信疗法还有第三封信，被称作感恩的信，我同样非常推荐，将在第八章中介绍。

第四道关卡

你对这个世界和他人的反应，来自你大脑中的思维习惯。当你在追寻客观真相的时候，你便能够更好地把控自己的人生。现在，你刚好有了这么做的工具。

这是一道难关，因为一旦突破了这道关卡，你便可以做到不再责备他人并且控制自己的反应。能做到这点是非常不容易的，但比心怀愤怒和怨恨要好得多。每当有不好的事情发生时，你不必再从外界找寻方法、处理问题，而是把它当成一个挑战、一个突破你早期模式的机会。从全新的视角去看待这件事，然后原谅它。

“不要因为你无法把他人变成你希望的样子而生气，因为你自己也并不完美。如果你不能让自己成为你所期待的人，那么你又怎么期待他人变成你喜欢的样子呢？”

《效仿基督》（*The Imitation of Christ*），

托马斯·A. 肯皮斯（Thomas A. Kempis）著

第八章

让原谅变得简单

"一个人如果不能原谅他人，那么他便亲手毁了自己人生必经之路上的那座桥，因为每个人都需要被他人原谅。"

乔治·赫伯特（George Herbert），1593—1633

在原谅中找寻意义

在原谅的过程中找寻它的意义所在，这是很关键的一点。下面的两个故事就说明了它的力量。

艾米·比尔（Amy Biehl）

在1993年南非种族隔离期间，一个年轻黑人谋杀了艾米·比尔——一个来自美国的罗德学者，同时也是一位交换生。艾米的父母很支持她对种族隔离的反对和抗议。为了悼念女儿、致敬她的理想，他们从美国来到南非，拜访了谋杀自己女儿的凶手的家人。他们原谅了他，并出庭作证使这个年轻人获得了赦免。她的父母说他们之所以能这样做，是因为他们知道这会是艾米的心愿。

出于对女儿的爱和对她最高愿景的支持，艾米的父母能够转换视角、拥抱她的理想，是其中的意义支撑他们做到了原谅。

野蛮的比尔

乔治·里奇（George Ritchie）在弗吉尼亚大学做了很多年的精神病学家，他写了一本很有见解的书叫《来自明天》（*Return from Tomorrow*），里面提到了一个很有启发性的故事。

在成为一名医生之前，里奇曾加入一个小型医疗队，去往一个刚刚解放的纳粹集中营支援。在那里，他遇到了一个外号叫作“野蛮的比尔·科迪”的犹太囚犯。比尔每天和美国大兵一起工作十五六个小时，也不会显得疲惫。他总是精神头十足。虽然那些士兵都已经看起来非常劳累了，但他似乎变得更有劲儿了。“他对其他囚犯的同情心使他精神焕发。”里奇博士在报告中提到。

那些美国人显而易见地以为，比尔在集中营里待的时间一定不会很长。但是里奇博士从资料中发现，比尔从1939年起就被关进集中营了，他非常震惊。里奇博士问比尔，在其他人苟延残喘、勉强生存的时候，他是如何在长达六年的时间里还能保持活力的。比尔这么回答：

“我和我的妻子、两个女儿以及三个儿子住在华沙的犹太区。当德国人打过来的时候，他们让我们每个人都靠墙站好，然后用机关枪对人群扫射。我向他们乞求，让我和我的家人死在一起吧。但是由于我会说德语，他们就把我安排到一个劳动小组。我必须立马做出选择，到底是对那些德国人充满仇恨还是放下。对我来说，这个选择真的很容易。我是一个律师，在我的经历中，我看过太多仇恨对人的大脑和身体所产生的影响。仇恨已经杀死了这世界上对我最重要的六个人。那个时候我就下定了决心，不管我的生命只剩下几天还是几年，我都要在余生热爱每一个我接触到的人。”

追寻生命的意义

这是精神病学家维克多·弗兰克尔博士（Dr. Victor Frankel）所写的一本书的标题（*Man's Search for Meaning*）。他也是一位纳粹集中营的幸存者，他之所以能存活下来，是因为他能够找到生命的意义。弗兰克尔博士还注意到，那些没有明确的生命意义的人，大多没有活下来。

于是，弗兰克尔博士在自己的研究中发明了一个新的疗愈方法——帮助人们找到生命的意义。他认为，我们生活的原动力就是去找寻其意义所在。根据亚马逊的统计数据，他的这本书在 20 世纪 90 年代被认为是美国最具影响力的十本书之一。

追寻生命的意义不仅对原谅来说是非常重要的一课，对生活也有着重要的作用。

你可以试着想一下，生活中哪些事情会启发你去原谅？

对付疑难杂症的最佳策略

事实上，我们无法知道一件事会在人的脑海里与其他事产生怎样的联系，哪怕是自己的大脑。每次，一个新的高要求的情况或高难度的问题出现，可能是由许多不同的思维方式和经历造成的，也可能与很多不同的评判标准和行为规范有关。这也是为什么说，最好的原谅实践方法就是把不安的情绪分解细化（见第三章）。如果你还对这件事情介怀，那么就分解得再深入细致一些。

一个加速原谅的小窍门

回想一下过去发生的类似的事情。我们每一次新的经历，在大脑中都会与一组过去已经存在的经历相联系。因此，回想生命中的那些早期经历显得尤为重要，因为它可能会对处理当前面临的情况有所帮助。我也发现，如果你可以回忆起类似情况第一次发生的情形，重新审视并加以处理，那么你会从更深层次上做到原谅。

要记住，当你从伴随成长的家庭关系、社会思想和文化认同中改善了自己的不安情绪时，你就会更加珍爱自己的生命。

如果你能发现之前发生的事情与当前的问题有着某种联系，并加以研究，心理咨询将会是对原谅最有效的方法。一个人无法原谅他的伴侣，和无法原谅父母或兄弟姐妹是非常类似的。暂时不去想如何原谅伴侣，先解决和父母或兄弟姐妹之间的类似情况。如果你首先处理好之前发生的事情，那么你在处理和伴侣之间的问题的时候就会更加轻松。

如果你无法原谅某个人，问自己下面几个问题：

1. 在你的生命中，以前是否有人对你做过同样或类似的事情？

2. 你自己是否也曾经做过同样或类似的事情？

3. 你之前是否也经历过类似的情况？

4. 先去处理之前的状况。如果你依旧感到很困难，再次问自己，是否还有与此相关的更早的经历需要先被处理？举个例子，有的人与第二任丈夫之间的问题很可能和与第一任丈夫之间的类似。如果你的不安情绪没有好转，你可能需要看看更早的时候。

原谅的障碍：担心遭遇不公

如果你对追求公平有着强烈的欲望，那么这可能对你原谅的意愿产生消极的影响。从我们的角度出发，很多情况下那个人的所作所为十分不公，特别是他连一句道歉都没有，或者根本没有意识到对我们造成了怎样的影响和伤害。没有道歉可能有很多原因，但是因为我们相信自己是正确的，所以对那些可能的原因我们完全不会去考虑。我们认为的公平可能很难得到认同，因为别人会从另外的角度看问题。这就是为什么我们让法庭来裁定什么才是公平的。从社会的角度来看，我们创造法律就是为了公平裁决，然而，这也并非能让每个人满意。“那不公平！”这样的抱怨从我们还是小孩子时就产生了，到现在一直没有停止。

如果人们公平、尊重、珍惜地对待他人，世界将会是多么美好。尽管这种过于理想化的情况非常诱人，但是那个人很难用你的思维方式看到这一点，结果你还是会给自己造成很多烦恼。公平通常只是个人偏好和欲望的伪装，我们要的公平对另一人来说未必是合理合法的。最终的结果就是，**每个人都被禁锢在自己的观点中，每个人都努力争取自己想要的，仇恨也会随之慢慢积累**。

当我们建立了错误的公平观念时，我们就会根据自己内心的规则推断一些事情。比如我们经常听到这样的话：“如果他爱我，他一定会给我买一辆好车。”“如果他还在乎我，他一定下了班就会回家。”“如果他们认为我的工作有价值，他们就会给我涨工资。”“如果她爱我，她就不会在我下班回家以后还来烦我。”正如《思维与情绪：认知性压力干预的艺术》（*Thoughts and Feelings: The Art of Cognitive Stress Intervention*）一书的作者们指出的，通过明白所谓的公平并非总是被认同的，我们可以纠正关于公平的谬论。与其说是为了追求公平，不如说这就是你想要的、你需要的或你喜欢的。如果放下了那些关于不公平的见解，你会对自己、对他人都更加坦诚。

让需求和希望得到满足

表达你的需求和希望，和满足它们一样困难。如果你不愿意听取对方的意见，你的需求也很可能无法得到满足。即便到了那步，如何向对方表达自己的需求，也需要非常出色的沟通技巧。

马歇尔·卢森堡博士一生都在教授善意沟通（compassionate communication），它帮助人们更好地理解自己和他人，使他们的需求和希望更容易得到满足。卢森堡博士出色的研究成果，在他的著作《非暴力沟通》中有详细介绍。

我们的需求和希望通常来自我们的潜意识。将这本书和日记本结合使用，你会从一个更深的层次看清自己真实的需求和希望，从而促使原谅的发生。

秘密态度，帮你原谅

有一种态度可以使原谅变得不那么困难，那就是谦卑。不过你可能需要一段时间才能体会到谦卑的力量。谦卑使我们退后一步，不再总想着我们必须是对的，可以让我们更客观地看待问题。谦卑不代表软弱、胆怯、服从或是卑躬屈膝。**谦卑是拥有强大的内在力量，让我们勇敢说出：“我并不是什么都知道！”**

除了上面提到的这些特点，谦卑还能使我们卸下防御和武装，让同情进入我们的内心，从而使我们能够理解他人的处境，帮我们拥抱原谅。谦卑让我们应激反应的大脑平静下来，使我们暂时离开我们的防御机制，不再需要通过责备、攻击他人来获得安全感。谦卑让我们从“假装开启上帝视角”，认为自己知道事情的全部的位子上走下来。

怀着谦卑的态度，我们能够承认自己并非高高在上，和那些我们难以原谅的人一样，我们也曾做过伤害他人的事情。**谦卑还可以帮助我们原谅自己、承认自己的不足**。我们不用再扮演谁，认识到“若不是靠上天的恩典，眼前的这位就是在下”。在这句话中，我们承认除了遭遇不同，自己和他人没什么两样。**谦卑帮助我们放下防御和攻击，重获我们与生俱来的平静、喜悦和爱**。

如何看清真相?

为了看清一件事情的真相，我们通常需要放下“自己永远都是对的”这种思想。**怀着谦卑的态度并不是一件容易的事，但是当我们做到谦卑时，我们心中的喜悦、平静和爱的水平就会大幅提升**。对很多人来说，怀着谦卑的态度会使自己的人生得到认可。

当我们的内心充满愤怒、恐惧，以及有任何形式的爱的缺失时，我们需要谦卑给予我们力量，让我们有勇气说出：“我并不清楚到底发生了什么。”然后，我们便能够得到升华，进入更高层次的自我，让一股充满爱、生命和平静的力量流淌在我们心中。这，也是原谅开始的地方。

谦卑要求我们不再扮演谁，不再认为自己什么都懂，它鼓励我们追求

真相。当我们在追求真相的时候，我们能看清事实，因为我们的眼中充满爱。

决定的力量

学会放下还有一个很重要的因素，那就是决定去原谅的能力。在这个部分，我们把决定看作一个描述主动行为的动词，表示发生在现在而非将来的计划。而意愿和意图这两个词所强调的，则是发生在未来某个时间的原谅。因此，决定去原谅是一个需要持续更新、延续的动作。

在这本书之前的几个章节中，我谈到了决定去原谅是很困难的。**做出原谅的决定可以给予你强大的力量，同时，理解和体谅也会使做出这个决定变得不那么困难**。在你阅读这本书的过程中，你会对无法释怀的事情产生足够的理解，也会加深对自己和他人的同情，这些都会促使你放下内心的包袱。你可能已经能够在一件事上学会放下了，现在正在努力处理其他的问题。

拥有意愿和计划可以帮你做出任何方面的决定，这两个重要的因素也会影响你在读这本书的过程中吸收了多少知识，你从中获得的灵感和启发会进而增强你的意愿和意图。

意愿

当我们对自己心怀最高愿景的时候（这是原谅的必要条件之一，详见第二章），我们会激励自己对原谅充满意愿。意愿是原谅的基础，其他变化的发生都是由你的意愿决定的。

问自己以下几个问题：

1. 我是否愿意去处理这个问题？

2. 我是否愿意去面对阻碍？

3. 我是否愿意放下伤害？

4. 我是否愿意对自己完全坦诚？

意图

当你为实践强效原谅法做准备的时候，请心存这样的意图：“原谅具有强大的力量，它会给我自由。”如果你的意图足够强烈，你在进行强效原谅疗愈的过程中就会感受到自己内心的变化。到了那个时候，要做出原谅的决定就没有那么困难了。产生这个变化需要一定的时间，尤其是当你之前的创伤还未痊愈时。但是对于放下伤痛来说，怀有强烈的意图是最重要的一步。

在 1993 年我处在人生谷底的时候，我试图去弄清到底是怎么回事。我阅读了《奇迹课程》的序言，里面主要说了，想要体会到无条件的爱，你必须去原谅。我的最高愿景——拥抱爱，被点燃了。随着我对序言的深入阅读，我对原谅的意愿和意图变得更加强烈。当我认识到我必须做到原谅才能体会那无条件的爱时，我决定坐在我的椅子上认真阅读，直到我可以放下所有我能放下的伤痛，然后再站起来。几个小时过去了，我把我人生那个阶段所有能感知到的伤痛，全部都放下了。

这看起来可能很不可思议，其实并非如此。我进行内心的疗愈工作已经有 30 多年了，对心理学和灵修方面都很熟悉，所有这些加在一起给了我很大的帮助。经过这次深度原谅治疗，在这之后的 7 年里，我一直都能感受到神圣的爱。

我们的整体意图和做出的决定还突出说明了一个问题，那就是对我们想要达成的目标，我们总会有不同程度的承诺。对原谅疗愈这个整体概念，我们承诺会做出努力；但是对个人的遭遇，有时我们会陷入困境。

这种模式我们在婚姻中也见到过。对保持婚姻状态的承诺和决定可能还在，但实际相处中会有很多问题和冲突。如果没有改善关系的动力，夫妻双方还在婚姻中痛苦挣扎，那么分开的念头则会越来越强烈，最终会超过在一起的想法。那么，对婚姻的承诺便会被打破，夫妻双方可能会结束这段关系。

原谅的决定

有时候，你必须下意识地做出原谅的决定。这个决定表现了你的意愿和意图，为最高阶段的自我做出承诺，使自己度过情绪最糟糕的时候。**当你认识到愤怒和生气其实一点用也没有的时候，你便能够坦然面对原谅了。**触犯你的人或事可能从你生命中夺走了你的能量，决定去原谅就是把被夺走的能量重新拿回来。

有关原谅决定的问题：

在你的日记中，把下面几个问题的答案写下来：

1. 我是否愿意去处理这个复杂的问题？

2. 为什么我想要去原谅这个人？

3. 这件事给我的生活造成了许多负面影响，我是否承诺为把自己从负面影响中释放出来而付出努力？

4. 是什么阻碍了我做出放下伤痛的决定？

被忽视的大脑功能

在当下这个电脑技术备受关注的现代社会，我们大脑的功能总被忽视，特别是我们直觉的力量和用处，在原谅疗愈中其实非常有效。从脑结构方面分析，直觉与我们右脑的功能息息相关。

进入你的直觉——在原谅疗愈中，我们有内在资源可以帮助我们去治愈。**拥抱创造性的信息输入以及与智慧和知识相关的其他内容，是开启人类大脑高级功能的钥匙**。我们每个人都有一项天生的能力，它有很多不同的名字——直觉、预感、内心的声音等。翻阅历史，很多重要人物的经历都证实了这项能力的存在。可能只有一部分人这方面的能力开发得比较好，但它的确是每个人都拥有的。

“大脑的运转基于已知的和可证实的信息。但有时候，我们大脑里产生了更高深的理解，却无从证明它的产生过程。所有伟大的发现都会经历一次这样的飞跃。”

阿尔伯特·爱因斯坦

托马斯·爱迪生（Thomas Edison）是直觉论的忠实支持者，同时他也经常使用直觉。每当他在研究中遇到了难解的问题时，他会躺在椅子上小睡，同时在脑子里继续思考这个问题。他还会在手里握一串钥匙，当他睡着的时候，钥匙就会掉到地上把他吵醒。这时，他会记住刚才的梦，他经常能在梦里找到问题的答案。

进入直觉需要有开放的态度，愿意尝试新鲜事物。当我们面对一个显然无解的难题或困境的时候，我们需要的是换个角度，不通过常规思维寻找答案。这就是我们常说的“跳出固有的思维框架”（thinking outside the box）。

一个平和冷静的外部环境和意识状态，更有利于我们进行创新性的探究和思考。对于我来说，直觉通常出现在清晨，尤其是在我完全清醒之前。我有一个朋友名叫尼尔，是一个建筑承包商，他也会在清晨进行项目设计的工作，解决建筑方面的问题。（也有很多人说，清晨是冥想的黄金时间。）

他总能在这个时间发现之前工作中犯的错误，然后将其改正。

平和冷静会关闭我们大脑中应激的、情绪化的部分，使解决问题、产生直觉的部分可以为我们所用。

当你在努力去原谅的时候，一定要利用直觉的伟大力量来帮助自己。

在下面一个段落中，一位公元前 3 世纪的学者帕坦伽利（Patanjali），将告诉我们直觉如何以及为什么会发挥作用：

“当你受到一些伟大使命的鼓舞和感召时，你所有的思维都会打破固有的联系；你的大脑会突破界限，你的意识从每一个方向延伸开来，你会发现自己置身于一个全新的、伟大的、奇妙的世界中。那些沉睡的力量、才能和天赋都会苏醒，你会发现自己变得比理想中的人还要伟大。”

改变陈旧的思维习惯

当你心怀怨恨的时候，你很难获得平静的思绪，更不要说获得神圣的力量了。高效思维的能力也在压力中丢失。生存机制和应激反应开始占据上风，使我们无法运用高级思维。

请注意：为了缓解你的压力，请停下来并集中注意力。

30 多年前，哈佛医学院的赫伯特・本森博士发明了放松反应疗法（the relaxation response），来帮助人们应对压力及其负面影响，比如高血压。通过对来自世界各地的冥想者的深入研究，本森博士将他们的方法融入自己的放松反应疗法中，以此来帮助人们改善自己的情绪，打破消极的思维模式。

大量来自神经科学和认知研究的数据表明，思维和信念拥有强大的力量。我要再次强调，原谅在其中发挥了重要作用。**如果一个人的大脑里充**

斥着许多负面思想，那么他将不会得到放松和平静，直到这些负面思想被正视并且被逐个消除。还有一种方法，就是通过经常性的冥想或沉思，将大脑提升到高级功能的状态。不管是哪种方法，原谅都是其中的关键。

强效原谅疗法在这个方面的作用就非常明显。如果一个人将脑海中痛苦、愧疚等消极情绪清除，他将处在一个更加积极正面的位置上，也更容易在生活中获得平静、喜悦和爱。而在此之前，他则无法轻易到达自己精神上最深的层面，触及人生的潜能。

如何改变你的内在体验?

发挥你的想象力。近期有关催眠方面的研究都聚焦于改变我们的内在体验。《纽约时报》的一篇报道称："所见并非即所得，因为你所看到的东西依赖于以往经验所构建的解读框架，通过这个框架我们才能解读和编译获得的原始信息。"这个观点，其实是对我们上一章所讲内容的一个强调和总结。这篇报道还解释了，当人们在催眠状态下回忆过去发生的一件事情并做出了一定的改变时，我们的大脑会认为改变是真实的，因而会依据已经改变的事情做出反应。等到下次这件事情再被回忆起来，我们的大脑会记住在催眠中被改变的事情，并对这一新的经历做出新的反应。

在催眠治疗中，我们很早就认识到上述这点，而现在，科学研究也证实了它。引导性的冥想同样可以使我们重新解读伤害，甚至改变创伤的经历。杜兰大学和佛罗里达州立大学的查尔斯·费格里教授（Professor Charles Figley）在心理创伤研究方面是一位先驱，他还是绿十字基金会（the Green Cross Foundation）以及心理创伤研究学院（the Academy of Traumatology）的发起人。他证实了 VK 分离催眠法[①]的有效性，尤其是在帮助人们走出心理创伤等方面。

当你放松心情、调整呼吸的时候，请想象自己身处一个平静的地方，可能是一片海滩，也可能是巍巍群山，然后慢慢地在脑海中呈现一些画面，让你的感觉变得真实起来。即便这些画面都是你的想象，你的大脑也可能会以为这一切都是真的。如果你这样去做，你可以在几分钟之内改善自己糟糕的情绪。当然，这需要一定的练习。但是只要经过短暂的训练，你就可以找到所向往的松弛状态和意识的调整变化。

当玛利亚来找我的时候，她已经准备好要辞掉工作了。“我讨厌我的老板，我所有的同事也都讨厌他。”她说这句话的时候眼中含着泪水。玛利亚的老板在其他同事面前对她非常不好，她无法原谅他。通过催眠，我让玛利亚想象她得到了老板的道歉，接着，我让她想象自己原谅了她的老板。我并没有让她真的原谅自己的老板，而是让她想象原谅发生的情景。这个过程经历了 20 分钟，在快要结束的时候，她觉得自己好多了，能够面对老板、回去工作了。1 个月以后，她对自己的工作充满了热情，和老板也能和睦相处。

这就是一个很好的例子，证明了想象力在原谅中的神奇作用。尽管这些过程都是通过催眠完成的，你仍可以在任何时候使用这个方法。这个方法有很多名字，而“创意想象疗法”“自我催眠”是最常见的。想象力我们每个人都有，只是需要一些开发和训练。

原谅疗愈之具象化疗法：在进行任何形式的具象化疗法之前，第一步都是休息一下、全身放松。

---

① VK 分离催眠法，英文是 Visual Kinesthetic Disas-sociation（VKD），是 NLP（神经语言程序学）中的一项高级技巧，通过将视觉图像（V）和与之相关的情绪感觉（K）分离，来达到疗愈的效果。——译者注

闭上双眼，尽可能让所有能感知到紧张的身体部位获得放松。在这个练习中，你需要放下所有的担忧，集中注意力保持平静。

1. 想象爱的能量注入你的全身。这些爱可能来自一个神圣的存在，也可能来自任何你能想到的人，不管是真实存在的还是幻想中的，只要他能向你散播爱就可以。

2. 当你感觉全身充满了爱时，在脑海里想象那个伤害你的人的样子。把爱传递给他（你甚至可以在脑海里去拥抱他），持续这个过程，直到你感受到自己发生了积极的变化。

3. 你会发现，你传递的爱越多，你感受到的爱也就越浓。

4. 想象你现在就是那个人，他在生活中是一种什么样的状态？

5. 想象自己原谅了他，这会是什么感觉？

你会惊讶于这个练习带给你的体验。我们经常能遇见消极负面的情况，但是想象正面积极的情况会让你感觉好得多。

正面肯定有用吗?

正面肯定是人们每天重复提起的、乐观向上的一些话。当你不断重复这些建设性的肯定意见时，你会让自己相信这些话是真的。如果你同时还能进行深呼吸、保持放松，那么这些话就会进入你更深层的意识。这些积极肯定的话最终会清除消极否定的话。要记住，这很像是在漆一面有污渍的墙，这些污渍总能够渗出来。原谅就是不让你大脑中旧的污渍，毁坏你的积极宣言和正向意图的方法。

正面肯定和创意性想象的神奇之处并不在于所说的话或是看到的画面，而是你情绪上积极的意图。乐观的情绪使你脱离消极的大脑思维，给你足

够的信心说出正面的话或是看到积极的画面。那些话语并不神奇，神奇的是那些积极向上的情绪。相反，一旦你让生存机制的自我和那些负面情绪获得了控制权，你就无法得到想要的生活，因为你的生活受大脑最低级的功能和思维的控制。

在心理学中，认知疗法（cognitive therapy）主要针对的就是你每天对自己说的负面的话。通常情况下，你可能并不了解这些关于自己和他人的评论，因为它们的根源来自我们的小时候。然而，它们确实存在，就存在于我们的表层意识之下，对我们的所作所为进行谴责和批判。**这种"消极的自言自语"具有极强的破坏性，扭曲的思维方式会毁了我们的生活，我们必须改变这一点才能获得幸福和原谅的能力**。

当艾丽西亚来到我的课上的时候，她因为自己的嫂子珍妮特憋了一肚子火。一整天里，她都在想珍妮特是怎么伤害她的。她不仅总是重复自己的不爽，还整天都在讲一些让自己生气的话，比如"那个忘恩负义的家伙"。她的情绪状态简直一团糟，还会说一些伤害自己的话，比如"根本没有人在乎我"。除此之外，她还开始自言自语，说自己的丈夫如何不好。

这简直是心灵的毒药，消极的自言自语足以毁灭一切。在课程的最后，艾丽西亚能够认识到她对自己说的那些话是不真实的，最终学会了放下。于是，她不再说一些关于自己和家人的消极话，取而代之的是一些乐观积极的评论。

建立一个积极的思维框架需要完成以下四个步骤：

1. 能够意识到多年来自己给自己灌输的负面信息。

2. 每当这种想法、自言自语出现的时候，马上制止它。

3. 用积极的评论取代消极的话语。

4. 原谅自己和他人。

前面三步可以使原谅的想法站稳脚跟，因为你在试图让自己摆脱应激性大脑的控制。大脑一旦开启生存机制，就一定会带来危机而非理性认知。如果你发现自己陷入长期的恐惧或愤怒，那你一定是让早期脑系统掌握了控制权。进行上面四个步骤的练习，活出生活该有的样子吧。

关键信息总结

在之前的几章里，我们已经深入探讨了达到原谅必须要做到的几件事。现在，我们再对需要重视的几点内容进行一个总结。

当你进行原谅疗愈的时候，请把这几点牢记于心：

1. 抓住你的最高愿景——始终保持原谅的动力。

2. 在原谅中找寻意义——让自己的生活有一个核心的价值观或原则，就像集中营里的野蛮的比尔和艾米・比尔的父母在南非做到的那样。

3. 向他人寻求帮助。

4. 在疗愈中敢于承诺——拥抱原谅的意愿，怀有原谅的意图，做出原谅的决定。

5. 感知你的情绪——寻找表层之下的情绪。

6. 追求真相——对自己诚实，事情的真相会给你自由！

原谅疗愈的秘诀

从 1968 年起，我就开始进行一系列的心理咨询工作。经过多年在原谅方面的研究和努力，我在心理咨询方面得到一些体会，对人们学会放下有巨大的帮助。总体上来说，很少有人知道并理解这些心得和方法，因此我称之为秘诀。具体来说，这些秘诀是：

1. 将事件分解细化——一点一点拆开去分析，逐个去分析。

2. 拥抱你的直觉。

3. 从他人那里得到支持和帮助。

4. 利用你的想象力。

5. 想想早期的事件——从以往经历中找寻与正在处理的问题相同或类似的情况。

6. 放下对正确的执着，拥抱谦卑的态度。

第五道关卡

恭喜你现在已经迈过了第五道关卡。你已经知道了什么会让原谅变得容易，你将继续收获原谅方面的知识和技巧。你可能已经成功地放下了最早的伤害，现在正在努力解决其他的问题。

随着你的努力，你会对这些必要的因素、秘密和练习有更加深入的理解和体会。在第十一章里，我会对第一部分“强效原谅疗法”进行一个小结，完整过程的总结将会放在第十五章。有了这些，你便可以明白它们之间的关系和相互之间的作用，这样，不管出现什么状况，你都可以利用这些方法。

原谅也出现在思想体系的领域，尤其是当我们经历的事件对我们产生了无法磨灭的巨大影响，在问题面前我们显得渺小而无助的时候，接受“更高的力量”确实会对我们有所帮助。

第九章

原谅背后的力量

"每一个认真从事科学研究的人都深信，在宇宙的种种规律中间明显存在着一种精神，这种精神远远超越了人类的精神。"

阿尔伯特·爱因斯坦

当我们谈论原谅的时候，我们其实是在谈论经历过沉重的伤痛后，重新开启幸福和爱的那把钥匙。我的经历告诉我，放下所有的伤痛、设立强效原谅的目标可以真正帮我们打开自我，让我们与爱、灵感和生活中的创造性原则建立新的联结，最终疗愈伤痛。

我们存在的核心

从古至今，不论哪个精神导师都说过这样的话，我的自身经历也证明了这一点：我们的存在拥有一个能够感受到的核心，它已经超越了我们身处的这个充满欲望、需求和对立的世界。在这个核心中的，是我们的成就感和真正的和平。它会创造爱、平静和喜悦，不依附于我们生活的外在世界。多年来，这个核心在一些思想体系中都被反复强调。

信念可能会也可能不会为我们提供指导，让我们能够触及我们存在的核心。实际上，这取决于一个人可以多大限度地丢掉虚伪的自己和狭隘的人格，抛弃这些阻碍或夺走我们人生体验的东西。

彻底的原谅可以带我们进入那种精神体验。原谅可以清理我们的思绪，为神圣的体验腾出空间。如果没有原谅带给我们的清晰思路，这种体验顶多只是微乎其微的。如果一个人的心被仇恨、愧疚和怨念填满，那爱又怎么能够进入他的心里呢？

原谅的力量可以体现在许多方面，但从根本上讲，是与他人建立心灵的联结，这种联结甚至是生理方面的——我们与生俱来的爱。科学家埃里克·詹奇（Erich Jantsch）在其著作《自组织的宇宙观》（*The Self-Organizing Universe*）中，对我们的生命系统进行了深入详细的研究，他告诉我们："从最早的原始生物的细胞聚合开始，我们就被赋予了超越自我、融入群体的能力。"这句话说的其实就是爱。

爱，对我来说是心中那份对他人，更多是对生命本身的仁爱、善意和同情。爱与同情在世界部分思想体系中是最永恒的核心。爱连通了我们和他人以及外部的世界。**我们可以毫不犹豫地说，是爱让生命的形式与众不同，是爱让生命的旅程往复不息，是爱让我们超越追求自我、拥有融入群体的意愿**。这种超越个人的观念对于原谅来说是不可或缺的。

“我们必须被爱的最终形式所拯救，那就是原谅。”

莱因霍德·尼布尔（Reinhold Niebuhr）

爱对我们的精神健康以及我们最强烈、最突出的情绪都至关重要。这里的“精神”，我指的是超越我们的肉体、意志、情感方面的生存功能的，更高层次的生命形式。专注于这一层次的存在，不仅会赋予我们生命的使命和意义，同时还会帮助我们摆脱身体和情绪上的问题。

生命的原则

虽然我们会谈论我们感知更高力量的能力，但实际的体验是在我们的日常生活中的。**任何人都可以知道什么是虔诚、同情和爱。**

当我们背叛了爱与生命的原则时，我们会感到内疚。这种愧疚之情会把我们推开，使我们与自身的最高价值观背道而驰。它还会使我们脱离最高级的思维和目标，阻碍我们去感受喜悦和爱。**只有放下内心的愧疚，我们才能重新找回生命的原则，重新享受爱、平和与喜悦。**这也是我们原谅的原因，在我们找回幸福的路上赋予了我们终极动力。

爱与原谅

如果我们的生活和内心没有爱作为基础的话，我们更容易向苦难、损失和短视屈服，我们的生活也会因此变得更加糟糕甚至无法忍受。

为什么原谅自己和他人非常有效，能够快速治愈伤痛呢？其中的原因很简单。**在我们复杂的情绪和反应以及我们的生存机制之下，是我们纯粹的心灵和完全的诚实。**我相信这是我们的精髓，也是原谅具有如此大的力量，甚至可以改变我们人生的原因。

原谅他人以及获得他人的原谅，可以使我们最高级的大脑功能回归。相反，哪怕仅仅是一个没有爱的举措，也会引起我们内心的愧疚反应。这也是原谅疗愈非常有效的基础原因，它引领我们找到真我，回归真正的存在，使我们回到新皮层全面发挥功能的状态。

马丁·路德·金说过这样一句话：“我们必须发展并保持原谅的能力。那些丧失原谅力的人，也丧失了爱的能力。”

我的变化历程

1993 年是我人生的一段低潮期。当我跌入低谷的时候，我试着清理每一段和他人、和自己有关的伤痛。在这个过程中，我感受到了强烈的爱，并且这种爱持续了很多年。事后我还注意到，如果我没有去清理自己的伤痛，我是不可能感受到对他人和对生活满满的爱的。一旦我因为新闻报道的数字、政治家的态度以及其他一些情况而感到愤怒，那些旧的伤痛也会随之被牵扯出来。为了让爱的感受能一直持续，我会在每天晚上或早晨的某个时间点，集中清理内心的不安和伤痛。

在经历了这段人生变化后的第 7 年，我再次遇到了无法原谅的情况。整整 4 个月，我失去了爱的体验。不过最终，我还是真心实意地原谅了那个我一直怀恨在心的人，我在生活中也重新感知到了爱的存在。在 25 年里，我丧失爱的感受持续超过一两天的情况只发生过三次。当它发生的时候，抑郁、愤怒和绝望就会卷土重来。但每次当我做到了原谅时，我的人生就会立刻出现转机，爱的体验就会重新回到我的心里。这种情况最后一次发生大概是在几年前，我用了超过 8 个月的时间才处理好这段伤痛。现在我知道，如果那时候有人强迫我写这本书，我可能会更快地处理好自己的创伤。然而，我的自负和抗拒心理阻碍了我的疗愈。

1993年之后的20多年里，爱已经成为我生命中的一种常态。我可以从思想方面给大家更具体的解释，但这没有必要。从实践意义上讲，生活中如果没有怨恨，那么爱的体验则是顺理成章的。我知道，如果我能获得这样的体验，那么任何人都可以，只要完全彻底地清除情绪上的不安、怨恨和评判。实际做起来并不容易，却是有成效、有成就感和有价值的。

曾经有人对我说，只有圣人才能做到这些。我可绝对不是一个圣人，但是那种爱的体验比世界上任何东西都让人更有满足感。关于这点，你可以问任何一个恋爱中的人。因此，为了维持爱的感受，我必须尽我最大的努力。

若想感知自己的不安情绪并专注于清除它们，你需要凭借正念的力量。我发现，大多数人并不愿意进行这种程度的内心清理工作，他们愿意去做"正确"的事情，而不是让自己变得开心的事情。我可没有开玩笑！照着这本书里的方法去做，你就能学会清理不安情绪的方法和技巧。如果你能够把所有的不安情绪都清除，当新的怨恨和评判出现的时候，你便可以清晰地看到它们，因为它们并不是和其他不安情绪交织在一起的，而是单独在那里等着你去发现。这就是为什么我总提倡保持一颗纯净的心，这么做不仅仅是为了体验持续的爱，也是为了让你我都能轻易发现那些阻碍我们去感受爱的伤痛。

不安的情绪就像一棵棵大树，遮住了太阳的光辉，遮住了爱的射线。只有从大树的阴影——怨恨和评判中走出来，或把大树砍掉，我们才能重新拥抱阳光。我们在生活中每天都能看到这样的情景，特别是夫妻之间发生矛盾的时候，无论之前的爱意多么炙热，都可能被愤怒、痛苦和悲伤所阻隔，有时甚至会说出伤害对方的言语。但是，当这些不安的情绪被清理、歉意被表达时，原谅就会发生，爱也会重新回来。

我有一个上了年纪的女性朋友，她在一家律师事务所等着见一位律师。

在等待室里，她和一对很有魅力的年轻小夫妻聊了起来。闲聊中她得知，这两位是来办离婚手续的，他们的婚姻似乎走到了尽头。我的这位朋友也对原谅疗愈颇有了解，对它的巨大力量深信不疑。当下，她便开始帮助这对小夫妻清理他们之间的矛盾，并且让他们也相信，原谅可以改善他们之间的关系。后来，这两位并没有去见离婚律师，而是手牵着手走出了律师事务所。爱，打动了他们。

“没有哪种精神力量能与原谅敌人、为敌人祈祷所产生的精神力量相比。原谅我们的敌人并为他们祷告可以激发出巨大的精神能量，因为这就是爱。”

乔尔·戈德史密斯（Joel Goldsmith，1892—1964），灵修导师

我们最健康的精神状态

为了能更加深入地阐释真实而积极的精神状态，我需要打一个比方。把你的精神和内心状态想象成一个大号的橡皮圈，在没有外力的情况下它很松弛地放在桌子上，一点也不紧绷，而是充满了满足感、善意和爱，想象你的生活就处在这样的精神状态下。因为你内在的轻松和正心（heartfulness），不论是在生活琐事还是相对复杂的工作中，你大概都能感受到平静和放松。但如果你去拉扯那个橡皮圈，压力和紧绷感便会随之产生。

在我们的这个例子中，这些压力或紧绷感可能是我们的怨恨或者愧疚。我们都知道，哪怕是一点小小的压力都可能会对这个橡皮圈的状态产生巨大的影响，它的形状会发生改变，橡皮圈也会失去中间有规则的空隙。这个空隙就好比我们真实的生存状态，会因为压力的产生而打乱规律。橡皮

圈受到的拉力越大，去平衡这股力量所需的努力就越大。因此，不管用什么方法，只要将压力释放，你的精神和内心就会恢复到之前的自然状态——充满满足感、力量、轻松和爱的状态。

从古至今，原谅都蕴含着巨大的力量，因为在我看来它通过一种远在我们生存机制之上的高级力量，帮我们打通了疗愈之路。这种高级力量有很多名字——爱、自然、造物主等。比这些名字更重要的是，它激活了我们的最高思维、目标和最大潜能。放下了那些过去的怨恨、伤害和痛苦，我们就放松了紧绷的内心和精神，也更容易感知到更高的力量，更容易达到幸福、创新和富有成就感的阶段。

试试这么做，你的心灵就能得到滋养：

1. 把当下的担忧和顾虑放在一边，进行一个放松训练：先从头部开始进行放松，然后向下，最后把紧绷感从脚底排出。

2. 现在，去感知你心中爱的力量。把这股爱的力量不断放大，直到它从你的体内溢出，蔓延到整个房间。

3. 感受这股爱的力量不断地扩散，从你所处的地方向周围发散。

4. 用这股爱的力量充满你所在的城市，充满这座城市的周边区域。让它向挚爱之人、陌生人、树木、村庄和别的城镇发散，直到整个区域都被爱所笼罩。

5. 让爱的能量继续蔓延，充满你所在的国家，然后再向其他国家发散。

6. 现在，你可以看到并感受到地球上的任何一个角落，以及地球上的每一个人，都被爱所覆盖。

7. 看，你传递出去的爱让所有的生命都受益。

8. 当你准备好了时，就可以让意识回到现实。

真正的治愈

如果你的腿上有一道伤口，伤口周围还有不干净的东西，要想让伤口愈合的话，就必须首先清理伤口周围的异物。否则，虽然伤口看起来没什么问题，对走路也没有什么大的影响，但其实你的腿并没有痊愈。你必须清理好伤口，给予充足的时间等伤疤消失，这样你的伤口才能完全愈合。**当你放下了心中的怨恨时，虽然这段记忆依然存在，但是你终于可以使自己慢慢痊愈了，不会让自己在愤怒和愧疚的毒药中慢慢溃烂**。

与此类似，如果你在给予正面肯定或进行冥想的时候，心中还怀有怨恨和愧疚，那么你期待的积极影响就不容易发挥作用。你必须先清理伤口，只有把不安的情绪清理掉，才能治愈自己。否则的话，这些正面肯定或冥想需要一直不断地重复进行。这些伤口周围的异物会阻碍治愈，更不要说实现你的最高愿景了。

在我经历了那次原谅疗愈带给我的人生转变之前，每当我进行冥想的时候，我可以使自己的精神进入一个“还不错”的状态。我还会教别人去冥想，大概从 16 岁开始，我就断断续续地进行冥想方面的实践了。但是，在那次蜕变之后，我的内心更加冷静和清晰了。这时我进行冥想练习的起始状态便是非常平静的，而若是发生在我学会原谅、放下伤痛之前，可能会需要更长的时间。

治愈的体验由一个关于大脑的非常简单的原则所主导：你的思绪不会在同一时间往相反的方向发展。怨恨、愧疚、愤怒和恐惧会使思维走向与爱、幸福、平静相反的方向。直到你愿意放下这些怨恨、愧疚、愤怒和恐惧，思维才有可能发生深层的变化。

我一直深信，爱是我们存在的本质，那么由此可以推导出如下结论：爱是人类大脑的最高级功能。**当我们清除了心中所有的不安，精神意识上**

的转变就开始了，汹涌的爱、平和与喜悦开始涌入我们的内心，正能量和积极的人生观也就自然而然地出现。原谅疗愈的终极目标是重建我们的思维模式，这样爱、喜悦、平和、耐心、善意、正直、信念、温柔和克己就会重新回到我们的生活中，每时每刻都存在于我们的心中。

“当你去观察那些存在于我们身边的、最具影响力的人的一生时，你会发现他们之间有一种共性。这些人都是首先与自己的精神本质达成一致，其次才是身体上的自我。”

阿尔伯特·爱因斯坦

这样，原谅疗愈的问题就变成了：“你把自己的大脑和意识放在哪儿了？你是否希望它就待在那儿？”这种感知最核心的部分就是正念。下面这几种原谅的方法或许对你有所帮助：

1. 让你的心里充满爱，并把这份爱传递给那个伤害你的人，同时也传递给你自己。

2. 为自己和那个人祈祷。

3. 如果你也希望享受平静，首先让平静占据自己的大脑，然后再把它传递给那些伤害你的人，也别忘了传递给你自己。

这些都是帮你清理不安情绪、拥抱乐观情绪的方法。内心缺少什么，就给自己补充点儿什么。如果内心被混乱占据，那么就选择平静。

十二步骤计划

十二步骤计划的目的是帮助其参与者，从上瘾、强迫症或是其他对人生造成伤害的行为习惯中恢复。其中有几个重要的步骤也是原谅疗愈的内容。

《AA 大书》中提到："如果你想释放心中的怨恨，如果你愿意为那个你怨恨的人或事件而祈祷，那么你会得到解脱。如果你祈祷把所有自己想得到的东西都赐予那个人，那么你会得到解脱。为那个人祈祷健康、财富、幸福，你会得到解脱。哪怕其实你并不是真心为他们好，只是说说而已，并非发自内心，不管怎样都去做吧。每天都为他们祷告并坚持两周，你会发现自己能够由衷地为他们祈福了。你还会意识到，曾经的你总是充满痛苦、怨念和仇恨，而现在你会感受到同情、理解和爱都围绕在你的身边。"

十二步骤计划的前三个步骤，就向我们展示了它在解决各种上瘾问题方面的强大功效：

1. 我们承认我们在对付酒精等对我们有负面影响的事物方面无能为力，而我们的生活已变得不可收拾。

2. 相信有一个比我们本身更强大的力量，这个力量能使我们恢复心智健康和神志清明。

3. 做出一个决定，也可以把我们的意志和我们的生活，托付给更强大的力量。

保持积极的心态

对生活保持积极的心态可以使你感觉良好。相反，无法释怀的心结会永远留在你的心里，滋生仇恨。因此，为了你的祈祷和想法得以实现，你必须学会原谅。

如果我们把对任何人的怨念、愤怒和不安都存在心间，我们就会这样想：我们可以把意念分成两半，同时还能使自己保持开心。但其实这种想法是不可能实现的，我们其实是消除了享受喜悦、平和与充满爱的生活的可能。

拥有清晰的意念和正向的心态，我们便更容易体会到生命非凡的本质。当你清除了生活中的消极方面时，你便开始建立并保持积极的模式。

恩里克是我的一位老朋友了，但是这几年来他变得越来越消极。他对自己住的地方很不满意，虽然在很多人看来他住的地方很舒适宜人；他和家人的关系不太好，也没有什么朋友。于是，我劝他试试强效原谅疗法。他很努力，探索得很深入，把我说的话都记在心里。不出 1 个月，恩里克在亲密关系方面就取得了很大成效，远远超出过去几年的经历。他还能够和家人很好地沟通。现在他对自己住的地方也变得十分满意了。

在悲剧和创伤中寻找积极的方面

在生活中，我们每个人都接受过人生带给我们的惨痛教训。我们总是陷入一些悲惨的境遇中无法自拔，只因为我们看不到任何积极的方面，而找寻积极的方面可以帮助我们原谅。

但是，你怎样才能在十分可怕的事情中发现积极的方面呢？就像我们在探讨整体原谅过程中提到的，把事件分解细化，从小的方面着手。有句老话是“时间会抚平一切伤口”。如果你能从消极的事情中找到哪怕很小的、值得感恩的方面，伤口愈合的速度就会大大提高。

你可以去读读由约翰·卡斯塔尼尼（John Castagnini）编著的《感谢上帝：给日常遭遇带来启发的小故事》（*Thank God: Stories of Inspiration for Everyday Situations*）。这本书里收录了很多小故事，讲述了许多人在面对人生最糟糕的境遇或面临最艰苦的挑战时，是如何找到积极方面的。

感恩的心

感恩是一个给我们带来变化的强效方法。这种方法在任何时候都能发挥作用，让我们每一天都能感觉更好一点。

日本的“生长之家”（Seicho-No-Ie）就十分提倡感恩，创始人谷口雅春（Masaharu Taniguchi）在20世纪20年代的时候，经历了一场启蒙运动。之后，他开始向大众传播：培养并发展一个人的感恩、原谅与和解等品质，对加深其精神体会最为重要。在他的帮助下，这些重要的品质在人们的心中生根发芽。

积极心理学（positive psychology）是心理学的一个分支，它将心理学的关注点从消极的病理学方面，转移到人们意识中高质量的部分。

为了研究哪种方法可以使人快乐，积极心理学的一个研究小组整理了100多种快乐疗愈的方法，涉及的领域包括从一些传统思想体系到安东尼·罗宾斯（Anthony Robbins）这类成功导师、演说家的思想。研究结果发现，其中最有效的方法之一，就是每天都怀着一颗感恩的心。在这项研究实验中，研究对象还被要求写下3件好的事情，不论事情大小，只要是发生在当天即可。他们每天晚上都坚持这么做，持续1个星期。每写下一件事情，还要接着回答：“这件好事为什么会发生在我的身上？”3个月后，相比实验对照组，这些人的幸福度高出许多，抑郁情绪也少很多。

第三封信

下面提到的这个方法，经常被调停人或谈判专家用于防止报复性事件的发生或继续。但是，你不可能每时每刻都有调停人、心理咨询师或其他中间人的协助，这时，你在第七章里开始进行的书信练习就发挥了作用。你已经写完了受伤的信和回应的信，现在可以开始写第三封信了，那就是感恩的信。如果你的创伤涉及多个人，那么分别给每个人都写一封感恩信吧。

写感恩信的方法有一部分来源于安杰利斯·爱丽恩博士（Dr. Angeles Arrien）提出的“光荣完结”（honorable closure）练习。爱丽恩博士是一位文化人类学家、获奖作家、教育家以及商业顾问，她也是我多年的朋友和导师。如果你对不同文化共通的部分感兴趣的话，我强烈推荐你阅读她的诸多著作。

感恩的信

在原谅的这一阶段，你需要向那个你想要原谅的人写一封信来表达你的感激之情。在这封信里，你要告诉那个人，你很感谢他对你的人生经历做出的贡献。你要放下自己的负面情绪，因为这些情绪不属于这封信。

1. 感谢这么多年来，那个人赠予你的“礼物”。

2. 如果可以，请告诉他，经过了这些事情，你的心智、情绪和精神状态都成熟了许多。

3. 感谢你从他身上学到的一切，感谢他在你的生命里所扮演的角色。

4. 如果你们之间曾经有爱存在，假装你还能感受到爱的气息，假装你还记得曾经对那个人的爱。

5. 把那个人身上你所欣赏的优良品质一一列举出来，并写在纸上。

6. 这些优良品质是如何激励你的？

7. 谈谈你给予的爱和你接受的爱。

8. 注意自己身上的变化，把你的领悟也写下来。

当你刚开始进行感恩练习的时候，你可能需要保持“假装自己可以，直到你真的可以”（Fake it till you make it）的心态，但最后你一定可以做到真正心怀感恩。**只有当你意识到自己有意或无意的行为给他人造成了伤害时，你才会真心地去道歉**。

对那个人的能力、性格、强项、外貌，以及整体你喜欢、欣赏的方面，你要予以高度认可。对于那个人的所作所为，如果你觉得换作自己可能也会做出类似的事情时，你就更容易产生同理之心和谦卑之情，也因此可能会在瞬间原谅对方。那么接下来，你面临的挑战就变成要如何原谅你自己了。

前面写完的两封信请不要寄出去，但你可以考虑把这封感恩的信寄给那个人。进行这个练习的时候，你又想到了哪些问题呢？可以把它们也写下来。

珍妮特给虐待她的丈夫写了一封感恩的信。她首先感谢了自己的丈夫，感谢他给了自己力量去勇敢说不，感谢他促使自己能够下决心从这段虐恋中走出来。然后，她指出丈夫一直非常努力地工作，为了能够让她住上漂亮的大房子，丈夫做出了许多牺牲。最后，她对曾经的爱感到惋惜，这封信在眼泪中画上了句号。

请注意：我想再次重复我在本书第二章中曾经提到过的一个警示。如果一段虐待关系中的爱死灰复燃，当曾经的受害者感到已经痊愈时，他可能会回到施暴者的身边，此时伤害有可能会再次发生。所以，**选择原谅的同时也要保护好自己，给虐待等行为设置一个界限**。具体请参见第四章中的“误区”。

如果写这封信在目前看来还有一定的难度，那就等到时机成熟再完成。

关键是要知道，不管是在类似的情况下还是在其他任何情形中，都可以怀抱一颗感恩的心，因为感恩会让你得到上天的恩赐。

内在本能的是非观

承认自己并不了解全部的事实真相，意味着你打开了自己，愿意接受更有深度的自我探索。比如说，你可能并不了解在这种情况下该做些什么，或者说你能吸取怎样的教训，你可能也并不清楚他人眼中的真相。

除了我们最基本的直觉，大多数人都具有本能的是非观。我在工作中遇到很多人，他们认为对别人造成的伤害是别人罪有应得，但随着我们探索的逐步加深，更多真相浮出水面，他们都会承认其实自己内心存在着一个声音，告诉他们这么做是不对的。没有听从自己诚实的内心，才制造了后面的混乱和愧疚之情。这种内在本能的是非观其实是可以被发觉的，它使我们意识到，只有诚实面对自己的内心，才能真正地治愈自己。通过这种本能的是非观，我们可以消除那些难以释怀的心结所造成的混乱。

拥有这种内在品质并不是一种自责，而是完全善意和明智的。它甚至可以被称作你内在的“同情精神”（the spirit of compassion）。它可以为你所用，但你不要完全被它控制。它可能只是一个轻微的声音，却让你感觉非常正确。如果你的答复不是爱、平静或喜悦，那说明你听从了内心悲观的、处于生存机制的那个自己。如果你出现了烦躁、焦虑和担忧等情绪，那么意味着你没有听从内在本能的是非观。

日记练习的小问题：

1. 我是否百分之百准备好坦诚地面对自己，以及回忆中的那些事情了呢？我是否可以保持客观的态度？

2. 我是否能完整地还原事实真相，既不省略细节也不添油加醋？

3. 我是否百分之百准备好，坦然接受自己在这段无法放下的伤痛中所做的事情？

“原谅是施与爱的一种方法。原谅是用另一种方式说‘我将会放下你对我造成的伤害；我不会再痛苦了，无论如何我都将继续去爱你’。”

《生活处方》，

医学博士伯尼·西格尔著

第十章

处理心中的伤痛

在这个篇幅较短的章节里，我们会对之前提到的步骤和方法做一个总结。这里可能不会囊括所有强效原谅疗法的步骤，但这些内容会带领你在原谅的道路上走得更远。

值得牢记的重要步骤和行为

如何去处理无法原谅一个人，或对一件事难以释怀的情况？

一、做出一个你觉得正确的决定

从小事着手。先去处理一件让你感到不安的事情，或其中一个部分。如果给你造成伤害的是一群人，你可以先从一个人开始；如果是一个人对你做了许多件造成伤害的事，那么先从一件事下手。

二、看看自己的意愿

你是否愿意处理这个伤口？

（如果你暂时还不愿意碰触这个伤口，那就先去处理另一件你愿意面对的事情。）**意愿这一点非常关键，因为有了原谅的意愿，我们才会对之后的原谅疗愈付出承诺和努力**。随着原谅过程的进行，你会逐渐愿意面对更加困难、更加糟糕的情况。你完全不需要一口吃个胖子，不要一上来就对付大难题，从你能够面对的小事做起就可以了。

三、专注于那些激励你去原谅的事情

是什么激励你放下伤痛？

在原谅疗愈的过程中，一个关键因素就是拥有原谅的持续动力。你需要有一个足够强大的理由支撑你去这么做。这个理由会带领你翻越阻碍原谅的、来自本能的抗拒心理。你的动力来源可能是精神上的、情绪上的甚至是身体上的。

如果你拥有足够的动力，那么你做任何事情都会有一个好的开端。你的动力越强，你就越有可能成功。

原谅的初级阶段就是点燃或重燃你去原谅的欲望。用满满的动力开始原谅疗愈的过程，你会饱含强烈的渴望，想要了解与此有关的知识。在后面的阶段，原谅疗愈还会带你突破可能出现的情绪上的阻碍。

四、有效地处理各种感受

每当你回想起这段伤痛时，你有什么样的感觉？

处理各种感受和情绪对防止虚假的原谅非常有价值。当你的感受由消极变为积极时，那就是你正在原谅。下面这几个问题，可能对你探究自己的原始思维模式有所帮助：

1. 当与伤痛有关的那个人出现在你的脑海里时，你有什么样的感觉？比如悲伤、压抑、生气、冷漠、愧疚、受伤或焦虑。

2. 除了主要的情绪之外，每次想到那件事，是否还有其他的情绪出现？它可能隐藏在表面的情绪之下，或混杂在主要的情绪之中，比如尴尬、丢脸或羞耻。

3. 你是否有直面这些情绪和感受的意愿和决心，而不是回避它们？

4. 那个时候，你最害怕发生的事情是什么？如果你选择了原谅，那现在你最害怕会发生哪些事？

五、找到你所需要的和别人欠你的

要记住，原谅在我们疗愈中的定义是把别人欠你的东西一笔勾销，就像是在财务方面免除了别人的债务一样。

1. 他们给你造成了这样的感受，你觉得他们亏欠了你什么？

2. 在这样的状况下，你需要的是什么？什么可以让你感到满意？

对一些人来说，让亏欠自己的人锒铛入狱才能使他们释怀。对另一些人来说，看着那个人去死都不足以让自己解气。因此，任何原谅方面的状况，首要的问题都是，他们欠你什么？

关于这个步骤，这里还有几个问题可以进一步帮助你：

1. 如果你无法得到别人亏欠你的东西，你是否乐意接受？

2. 明明知道可能永远得不到你想要的，但还抱有不切实际的幻想。带着这样的不安情绪去生活，值得吗？

3. 为了追求内心的平静，你可以放下伤痛吗？

六、了解耿耿于怀的真实后果

完成这一步，你并不需要通过写一篇文章来分析，你可能只需要花几分钟。

好处：

1. 让自己一直被不安的情绪所困扰，这对你有什么好处呢？把所有可能的好处都写下来。究竟谁会受益，又如何受益呢？

2. 选择正确是否比选择快乐更重要？

坏处：

有时候你可能意识不到这些不安究竟给你带来了多大影响。现在请考虑以下几个问题：

1. 这些伤害究竟给你带来了怎样的后果？把所有负面的影响都列出来。

2. 你对这段伤痛无法释怀，这对身边亲近的人产生了哪些影响？

3. 如果你放下这段伤痛，是否可以增加生活中的爱、平静和喜悦？

作为受害者：

1. 你处在受害者的位置，这样的状态已经持续了多久？

2. 自己的幸福和快乐都由别人去控制，这样的情况你可以忍受多久？

3. 你是否可能也是导致问题产生的一个因素，而不仅仅是一个受害者？

七、消除对原谅的抗拒心理

什么会让人们对放下伤痛产生抗拒心理？通常是那些对原谅的本质的误解。

在本书中有关谬论的章节里，列举了这些常见的误解。这里我们要再强调一次，以确保这些误解不会阻碍你前进。

要记住，原谅不是纵容不好的行为，也不是为罪行找理由或忍气吞声。原谅也不是与造成伤害的一方和解。原谅不等同于“眼不见，心不烦”，不取决于你是否得到了应有的道歉，不取决于那个人是否还在世或是否还与你有联系，不取决于施暴的一方是否值得原谅。不要认为原谅就是认输，或是逃离困境的捷径。**原谅更不是不负责任**。

如果以上任何一条内容影响你做出原谅的决定，那么请仔细阅读第四章中有关原谅的误区的内容。

决定去原谅

你可以有意识地做出原谅的决定。这个决定是意愿的体现，是你对实现最高层次自我的强烈意愿和坚定承诺。原谅的决定可以发生在任何时间和阶段。

你可以问自己：

1. 为了自己，我现在是否可以决定去原谅呢？

2. 就算那些人不值得我去原谅，我是否能够出于对他人和自我的同情而决定原谅他们呢？

随着你做出了原谅的决定，你便可以进行原谅疗愈剩下的步骤了。原谅某人并不是疗愈的终点，如果你想一劳永逸地摆脱这种伤痛，原谅自己才是终极目标。

请注意：你决定原谅的人或事情越多，就越能感受到情绪的释放，因而在下一次遇到问题的时候，也就更容易做出原谅的选择。随着你能够较为轻松地决定原谅，你放下不安情绪的速度也就更快，因此也能更快地完成原谅。对于那些不了解原谅疗愈的人来说，这个过程发生的速度可能令人匪夷所思。但是你实践的次数越多，你也就变得越擅长。当你能够经常发现自己大脑中不断循环往复的消极思维模式，以及它们如何在不同的创伤情况下发生作用时，你对这些情况的理解就会不断加深，做出原谅的决定对你来说也会变得更为容易。

关键问题

1. 在进行原谅疗愈的过程中，我是否在最高自我的状态下花时间去进行放松、冥想或沉思练习？

2. 我是否听从了最高层次的自我意识？

3. 我生命的最高目标是什么？伤痛究竟是通过让我丧失最高目标还是改变我的态度，来阻止我实现这些目标？

"世上本无所谓好和坏，思想使然。"

《哈姆雷特》（*Hamlet*），

莎士比亚（Shakespeare）著

一个现代的版本：对一个人来说没什么用的废物，对另一个人来说可能是无价之宝。（One man's trash is another man's treasure.）

PART.03

第三部分

无法原谅背后的真相

· 永久彻底地原谅

· 自我原谅与内心强大

· 处理压力和心理创伤

第十一章

永久彻底地原谅

“人人抱怨自己的记忆，却没人抱怨自己的判断。”

弗朗索瓦·德·拉罗什富科（François de La Rochefoucauld），法国作家

惩恶扬善似乎是我们艺术创作中永恒的主题，与复仇相关的内容经常出现在我们的小说、电影和文化观念中。英雄人物总是疾恶如仇、眼里容不下恶人，他们会追到天涯海角，直到把恶人找出来并把他们消灭，让这个世界变得更加安全。可能你会说，好人得到支持和称赞，坏人得到应有的惩罚，这看起来没有什么问题呀！问题就在于，这里面总是有对立的两面，正邪双方有着清晰的界限，非黑即白。但客观地说，**追求正义需要在一个可控的、统一的环境里，就像我们的法律系统一样。**

当我们去评判甚至去攻击身边亲近的人时，我们是根据自己的是非观去做判断的，这个标准非常主观，因此这里存在很大的错误风险。不仅仅是我们个人，职能部门的行为也会出现这样的问题。尤其是当涉及人们之间的互动和行为时，我们无法掌握所有的必要信息来得到一个合情合理的结论，我们的决定很可能由情绪所致。许多情况下，战争的爆发并不是出于正义的理由，而是为了进行报复或羞辱。

事实上，拒绝原谅的理由之下，隐藏着可以使你放下伤痛的真相。研究你的困惑和抗拒心理，可以提高你的生活质量和原谅的能力。同情心可以使你拥有理解一个人的意愿和动力，从他的角度去思考问题。拥有了理解，

原谅的速度就会大大提高，原谅也会变得更加长久、彻底。

在我多年教授原谅疗愈课程的过程中，我发现很有必要把阻碍原谅的深层内在因素拿出来研究，这样可以更加彻底和长久地进行原谅。在寻求理解的过程中，我们已经知道了很重要的一点，那就是为什么别人的行为方式、世界观和价值观与我们不一样。那么在寻求真相的过程中，我们就需要更加深入地研究我们的反应及其所产生的影响。

正如爱因斯坦曾说过的："一个人是我们称之为'宇宙'的整体的一部分，是一部分有限的时空。他对自我、思维和感情的体验，就像一种东西区别于其他东西一样——这是一种他个人意识的光学错觉。这种错觉对于我们来说就像是一座监狱，将我们限制在个人的欲望和我们周围一小部分人的影响之中。我们的任务是通过将我们的同情心扩展至所有的生灵和整个美好的自然，使我们自己从这座监狱中解脱出来。没有人能够完全地达到这种境界，但是对这种境界的追求本身就是一种解脱并能使内心获得平静。"

想提高原谅的能力，你需要了解意识更深的层面。你要知道，意识更深的层面不仅是自我保护，可能还会制造麻烦或对原谅产生负面影响。通过学习研究，你会对自己的所作所为及背后的原因有更加深刻的理解，包括他人的行事方式。有了这些知识的加持，你的原谅过程就会变得更加直接，伴随的痛苦也会更少。这也是本书第三部分要达到的目标。

如何不让应激反应霸占我们的思维和创造性大脑?

控制自己的思维一点也不容易，需要我们的努力。我们每天都在犯错，或大或小。原谅就像是我们社交机制的润滑剂，我们需要它来帮助我们调节人与人之间的互动，这样才能使我们身边的人都开心满意。

人脑的应激机制是天生的。我们的早期脑系统究竟能产生多大的影响，这不仅由当前所承受的压力大小决定，还与我们在控制强烈情绪反应方面有多少经验有关。

正如我们在第六章里提到的，原谅的发生需要一个相对平静、不具威胁性的环境。冥想、祈祷、沉思和其他减压方法，类似哈佛大学的赫伯特·本森博士发明的放松反应疗法，可以有效阻止早期脑系统得到控制权。

请注意：你无法时刻控制自己身体和心理方面的所有应激反应，但是经过知识的学习和反复实践，这些反应对你生活的影响会大大减弱。

那些还没有学会应激反应管理的人们，遇到压力时的经历会非常痛苦。有些人可能永远学不会如何有效地管理压力。这需要大量的练习和训练。如果一个有暴力倾向的人在还没有学会如何处理这些强烈应激反应的情况下，就从监狱里被放出来，这注定会酿成大祸。我并不赞成惩罚，我提倡的是参加与压力管理和康复有关的项目，并配合原谅方面的训练。经过训练之后，我们会看到罪犯身上发生了明显的变化，犯罪率也会大幅降低。

我还鼓励有暴力倾向和虐待问题的人学习如何处理他们在愤怒情形下的反应，这样他们就不会给他人或自己带来危险。否则，暴力和失控的反应还会继续发生。

请注意：改变负面的行为模式是一件很困难的事，因为在以往的经历中，这些行为可能经常给自己带来愉悦感或安全感。为了改变行为模式，你需要首先确保愉悦感和安全感也存在于新的行为模式中。如果在试图引入新的行为模式时感到愤怒和不安，说明你让压力而非愉悦进入其中，改变行为模式的目的就一定无法达成。

如果你想学习新的舞蹈，你之前掌握的舞步可能会有助于新舞步的学习，但也可能会对其产生阻力。不管是哪种舞蹈风格，在掌握节奏和舞步之前，你都会感觉不舒服、不协调。这也是为什么要从基础内容学起，慢慢地起步。这样，你的理解便会逐渐加深，愉悦和成就感会逐步积累，而不是担忧和焦虑。

理解我们在压力的情况下做出的应激反应，会帮助我们明白为什么自己如此难以做到原谅，为什么有时候人们会如此强烈地抨击原谅的行为，有时候又会义无反顾地为其辩护。

在之前的章节里我们探讨过，早期脑系统在某些情况下可能会接管我们的意识，从新皮层手中夺走对思想的控制权。这里我们会再介绍一些“接管”行为的标志。当一个人过分紧张的时候，他最高级的大脑功能处于极其微弱的状态，这些问题可能也会随之出现：

1. 容易分心以及/或者高度亢奋。

2. 无法下决心。

3. 无法克制自己的冲动。

4. 习惯性迟到以及糟糕的时间管理。

5. 无组织无规划、拖延症。

如果在出现了上述压力症状的情况下，你还期待自己或他人能表现得正常，这就太不切实际了。

现在，再看看那些你无法释怀的情况。你是否能摆脱它的影响，进入旁观者的角色观察自己？透过这样的视角，考虑下面两个问题：

1. 你认为是过去发生的什么事情使你对该情况做出如此反应？

2. 想一想，为什么你会有这样的感觉？

有的时候，你可以很快地发现表面之下隐藏的真相；有的时候，它可能会在一段时间之后不经意地显现出来。我们的目的是，通过深入了解、分析造成我们这些特定反应的原因，获得并锻炼将我们从自己的反应中分离出来的能力。

阻碍原谅的防御心理

那些他人身上被我们极力谴责的东西，可能正是我们自身也有或正在经历的。几个世纪前莎士比亚也在《哈姆雷特》中表达过类似的意思："以我之见，那个女人是欲盖弥彰吧。"[1] 在指责别人之前，必须先纠正自己的过失。这个道理可以应用于克服原谅的一个主要障碍——我们的自我防御机制。

如果我们要处理的情况实在太不舒服了，我们的大脑会架设起一套防御机制来保护我们。但我们其实意识不到这种防御反应。和大脑的应激反应类似，防御反应也是在我们的表层意识之下的，这也解释了为什么它能一直给我们制造麻烦。

① 莎士比亚《哈姆雷特》中的原文为"The lady doth protest too much, me thinks."，可直译为"以我之见，那个女人的抗议有点过头了"。结合上下文，这句话其实是在说，那个女人的抗议太过强烈，让人不禁怀疑是不是欲盖弥彰。——译者注

当我们处于应激反应状态或做了错事时，我们的自我防御机制通常会替我们做出回应。一方面我们受到道德标准的约束，另一方面我们又不得不去处理现实的情况。我们难免经历一段苦苦挣扎，既要让应激性的大脑反应得到满足，又不愿意让它脱离控制。面对这样的情况，我们经常会做出令人后悔的决定和行为。为了维护我们的道德感，让自己不受到良心的谴责，我们让防御机制占了上风，让它成了我们的欲望、犯下的错误和不当行为的借口。

一个人在感知到那些拖我们后腿的、存在于潜意识中的行为机制后，原谅疗愈也会随之变得非常有效。我就曾目睹过这样的例子。有一些“自我心理防卫机制”（ego defense mechanisms），正如其名称所说，指出了一些真相，帮助我们彻底、永久地放下。虽然它们总是隐匿于表层意识之下，但是通过专注或正念，我们是可以发现并处理它们的。其中的关键并不只是感知防御机制的存在，还要通过自我原谅消除它所产生的影响。

通过理解自我心理防卫机制的基础知识，我们能够：

1. 对拒绝原谅有更为深入的理解。

2. 找到让我们彻底、永久放下的方法和策略。

心理防御

心理防御的出现是为了平衡我们内心的紧张情绪，让我们能好受一些，但它也解释了为什么我们在压力状态下会做出消极负面的反应。我们并没有直接处理我们的应激反应，也没有让它在做出错误的行为举动之前迅速平静下来，相反，我们创造了一个复杂详尽的系统来为我们的行为进行辩解，之后为了让自己感到好受，我们会将它藏起来，不让自己发觉。如果我们能使内心的压力系统安静下来并做出有效的决定，我们的感受可能会更好，也就不会继续往潜意识里堆垃圾了。但是这点很难做到，因为防御的心理通常出现在面对困难问题的情况下，而且往往源于我们的幼年时期。

有两种主要的心理防御机制与我们的无法释怀有关。其中一种会把我们所有不安或者无法忍受的想法、事件或欲望深深埋藏于意识之下。这种隐藏的心理防御机制有很多微妙的差别和名字——拒绝、压抑、抑制、分离。在我们的疗愈工作中，我会用否认（denial）这个词统称这一类隐藏内心不安情绪的防御心理。

另外一种心理防御机制叫作投射（projection），即我们会将自己具有而别人不一定具有的心理行为特征推测成他人也具有。比如我们会把内心不安的想法投射到另一个人身上，然后否认它与自己有关。典型的结果就是责备和找替罪羊。这种把我们的负面情绪和行为都归咎于他人，然后否认其与自己有关的做法，我会用"投射"一词来表示。

有句话叫"去掉你弟兄眼中的刺之前，要先去掉自己眼中的梁木"，恰恰指出了我们潜意识中的这两种心理防御机制。在投射中，我们否认自己的失败，却能看到他人的问题。

泰德对自己的诚实和人品一直引以为傲。但有的时候，他会在银行卡余额的问题上对自己的妻子撒谎，因为他挣的钱不够多。由于他不能允许自己有不诚实的行为发生，每次收到银行对账单的时候，他都会抱怨是银行太不老实了。可悲的是，他竟然相信了自己的话！

由于投射的作用，我们会接受这些扭曲的事情，并认为这就是真的。希特勒认为德国在第一次世界大战后遭受的苦难都是犹太人造成的，并且还有数以万计的人同意他的观点。比起承担责任，责备当然容易得多。找替罪羊的行为就是因为这样的心理机制在作祟，并且直接来源于我们原始的应激性大脑。

使原谅永久而彻底

投射与否认不会和自我原谅同时存在，虽然后者是一个勇敢而有效的选择。与其在情感伤痛面前进行自我防御，不如用完全诚实的态度直面它以及周遭的情况，这也是原谅过程的开始。**当我们把伤痛转变成积极正向的，甚至是令人鼓舞的东西，专注于预防伤害而不是让伤害继续时，原谅就完成了**。心理学界一直将原谅置于次要地位，它的作用被心理学界忽视长达一个世纪之久。

和那些多年来一直满腔愤怒的来访者在一起时，我都会探索他们把自己的不安投射到别人身上的程度。在处理自身不安情绪的时候，探究投射的作用并进行自我原谅，这样便消除了把不安投射到他人身上的理由。研究投射作用、获得自我原谅，这也是把自己从不安和伤痛中抽离的最快方式之一。

现在我们要处理的是长期的积怨，不是那些我们无法控制的创伤。我再重复一次，不是包括强奸以及其他暴力行为或恐怖行动在内的创伤。

这是一个高级模型。我之所以在这里提到它，是因为我见过它发挥的神奇作用。（如果你是帮助朋友或来访者进行疗愈，在他们达到这个阶段前请不要用这个方法。如果这种方法有效，那自然很好；如果没有用，还有很多别的方法可以帮到他们。）

如何帮助他人永久、彻底原谅：

1. 帮他们分析自己的处境，看看是否存在这样的情况：他们试图原谅别人的所作所为，但他们由于自己也曾做过相同或类似的事情而感到十分愧疚。

2. 如果有，那么让他们去原谅那个人，毕竟自己也做过一样的事情。

3. 然后，让他们去原谅自己，如果可能的话，找到一个方法让他们能够原谅自己的所作所为。

他们的所作所为可能并没有伤害他们的人那么恶劣，但是通过自我原谅，他们意识到自己也在不同程度上做过类似的、只有自己知道的事情，不安情绪会随之释放。

要记住，我们的大脑是通过隐喻来发挥作用的，也就是比较两个不相像但又存在共同点的事物。比如，有一句歌词这么说："你是我羽翼下拂过的清风。"这个人当然没有翅膀，羽翼和清风只象征这两个人之间的情感关系。这些共同点就是我们需要在投射中找到的。它可能是字面上的，也可能不是，但通常它会为我们指明方向。

下面一个例子会继续解释这种共通性。虽然这是一个暴力情况的例子，我通常是不会举这样的案例的，但是因为这位女士在我之前的课上表现出真诚和睿智等品质，我觉得还是提一下为好。

丽娃这位老人对希特勒恨之入骨，她无法原谅希特勒对犹太人和她的家庭所犯下的罪行，她也因此变得非常愤怒、非常不开心。我们试了很多方法，似乎都不能推动她放下，于是，我们开始探讨她在希特勒身上的投射。她也愿意从这个方面去聊。

很显然，她并没有谋杀过任何犹太人。但当我问她在心里将希特勒和纳粹千刀万剐了多少遍，又在心里杀死了自己多少次时，她变得非常安静。终于，她找到了面对自己这一面的勇气。她非常坦诚，承认这些年来她的怒火和仇恨给自己的家庭和身边的人造成了极其负面的影响。她的孩子们都不常与她见面，她也没有什么朋友。

我没有要求她赦免希特勒的罪行或为他辩解，甚至没有要求她原谅希特勒。我请她先原谅自己的仇恨、愤怒，以及这些年来她间接带给别人的负能量。当丽娃终于做到这一点时，她的家人流下了激动的泪水，她说她感受到了几十年来没有过的平静。

我的一个朋友珍妮特跟我分享了下面这个故事。

珍妮特和她的丈夫要去一个很棒的度假村游玩。她的丈夫安排好了时间，等她下班以后就去接她。但是，丈夫因为接到了弟弟打来的电话就耽搁了。要知道，他的弟弟已经好几个月没有和他联系了。珍妮特在炎炎烈日下等了45分钟，当得知丈夫来晚是因为一通电话的时候，她简直要气炸了。

她的愤怒让本来应该很美好的夜晚变得非常糟糕。不过幸运的是，她在原谅方面的训练让她得以洞察为什么自己的愤怒如此强烈和执着。“最后，在第二天中午，我终于意识到我对我的孩子们也做过同样的事情。”

珍妮特承认，她也曾经为了攻读博士学位而让孩子们一直等自己。她会在晚上出门，有时候还会让孩子们自己解决吃饭问题——这一切都是因为她觉得自己有更重要的事情要做。她丢下孩子们让他们等她，就像她丈夫所做的一样。意识到这些，珍妮特感到内疚和生气，因为她知道这不是丈夫的问题，而是自己的毛病。她当时就完成了原谅疗愈。在假期余下的时光里，他们过得非常开心。

还有一个故事是关于夏洛特的，她的经历与否认有关。

夏洛特的母亲告诉她，她曾在18个月的时候遭到她父亲的毒打。想到这件事情，母亲的眼泪就止不住掉下来。但是过了几年之后，她的母亲完全否认了整件事情：“我不知道你在说什么。你的父亲是不可能做出这样的事的。”

夏洛特是一位年长的心理治疗师，她了解心理防御机制的保护效应。她也理解母亲的否认态度并不是撒谎，而不过是为了维护那个和自己结了婚的男人和自己作为母亲的形象。什么样的母亲会允许自己的孩子遭到那样的虐待？如果别人说你不好，你会不自觉地为自己辩护。这是我们反应系统中固有的。最终，你会相信自己辩解的话，如果放在这个例子中，那就是否认。

解决心理投射

如何解决心理投射？我要讲讲下面这个例子。比如说你对某个历史上的独裁者非常生气。那么请你在脑海里勾勒出这个人的形象，然后问自己："他的哪些所作所为让我非常讨厌？"你可能要列一个长长的单子出来。比方说其中有一条是"夺去了人们的自由"。记住之前提到的心理防御机制，为了探究可能的投射会如何发生，你可以问自己下面几个问题：

1. 我在自己的生活中，是否有像那个独裁者一样专横的行为？我是如何表现的？

2. 我是否也剥夺了其他人的自由，或者说允许别人剥夺另一个人的自由？

3. 我是否也让自己失去了自由？（这个问题通常比较关键。）

4. 我是否一直让自己上紧发条，从来不让自己放松一下或是外出休假？

5. 我在生活中是否感觉自己被囚禁了起来？

6. 我是不是将自己囚禁了起来并且感到无法挣脱？

通过这些问题，我们可以从不同的角度去看待心理投射。那些让我们产生强烈情绪的状况，可能会指向我们自己曾经犯下的错误以及使我们无法原谅自己的事情。

吉尔是一个糙汉子。他块头很大，这几年总是卷入各种打架斗殴事件，还经常一挑多。但是，生活将他压垮了。他总是感到愤怒和抑郁，他渴望改变。在一次心理咨询的过程中，他第一次承认了自己是家庭暴力的受害者。他一直非常痛恨自己的父亲，但是他从来没有在谈话中把父亲当作暴力的实施者。他抱头痛哭足足有5分钟之久。

后来他慢慢意识到，正是因为曾经遭受过虐待，自己才会有鲁莽驾驶和暴力冲动的习惯。他把打架看作是对像父亲这样的粗暴之人的惩罚。他还认识到，他同时也是在惩罚自己的自甘堕落。随着他对自己的怨恨情绪导致的结果进行探索，他发现当初的伤痛在自己的生活中依然存在，使自己变得与人疏远、羞耻和无力。2年之后，他的生活方式发生了改变。他开始帮助其他有暴力问题的人，同时还改掉了酗酒、打架和鲁莽驾驶的坏习惯。

日记练习：

1. 再看看你刚刚列的那个清单，选出一个看起来似乎可以面对的错误行为。

2. 把任何一次你曾做同样或类似事情的情形写下来。

3. 此时，你可能会遇到一些阻力。把这些出现的阻力也写下来。我们的自我防御机制可能会阻碍我们去了解真相，因为这些真相可能是残酷到难以面对的。但是你需要坦诚地对待自己，要知道这些真相可以让你从过去的行为模式中解放出来。

4. 看看你在哪些地方感受到了阻力。试着先不要为自己辩解，也不要用否认进行攻击。你需要好好关注自己的情绪。

5. 如果你能看到自己曾经做过类似的事情，那么就请原谅那个犯错的人。（这一步应该不会太困难，因为你也做过同样或类似的事情。）

6. 现在，请原谅自己的所作所为。做到这一点可能比较困难，不过你可以找到方法获得自己的原谅。

请注意：拜伦·凯蒂（Byron Katie）的训练课程非常出色，可以帮助我们深入探究阻碍我们疗愈的因素。我强烈推荐她的方法，她自己将其称作“功课”（the work）。我曾经在自己的训练班里尝试过这个方法，也用过她的书《一念之转：四句话改变你的人生》（*Loving What Is：Four Questions That Can Change Your Life*），在原谅方面取得了很大的成功。

仅仅意识到自我防御机制，是远远不够的

只是意识到投射心理，还不足以改变你的生活。原谅投射心理中所体现的事情，也是非常必要的。

我在上文提到的那个老奶奶丽娃，她现在必须要原谅自己。由于对纳粹分子恨之入骨，丽娃给家人造成不小的伤害。她认识到紧紧抓住那些仇恨不放其实是在延续希特勒和戈培尔的所作所为。她可以理解为什么儿子不愿意待在自己身边，还有女儿是如何染上同样的负能量的。

精神科医生对自我防御机制的了解已经超过 100 年，但他们的自杀率却依旧居高不下。缺少自我原谅或原谅他人是导致抑郁或绝望的一个主要因素，而抑郁和绝望可能会导致自杀。

如何发现你的自我防御机制：想发现并意识到你的投射和否认心理，需要从那些总是让你感到被侵犯的情况开始。你的易怒情绪会为你提供线索和指引。

把那些你经常发现的、别人身上的错误写下来。这些错误可以为你提供自我防御机制的证据，特别是投射和否认。对那些亲近的人身上的错误，需要特别注意。

请抽出至少 1 小时的时间，找一个安静、不会受到打扰的地方。把那些别人惹毛你的事情，或者你觉得无法接受的事情，都写下来。尽量坦诚、客观地记录这些事件。把这个清单留好，我们在后面的章节还会用到。

现在，用这个清单改变对这些事件的看法。问问自己：

1. 我是否也对他人或对自己做过同样的事情?

2. 这件事是否和我曾经对另一个人或自己做过的事情非常相似?

3. 它是否和我的家庭模式或是某位家庭成员的行为习惯非常相似?

正是通过列举自己对别人不满的地方，并研究分析自己是如何在某种程度上也对他人做过类似的事情，我才利用原谅实现了人生的转变。对于我来说，原谅施暴的人很容易，但是对于自己对他人做过的不好的事情来说，我需要外界的帮助才能原谅自己。

破坏原谅疗愈的压力思维模式

我们破坏自己的生活和幸福，主要通过三种思维方式。

一、过于关注消极的方面，拒绝接受积极的方面

当威胁突然出现时，出于本能的生存反应，我们的大脑会敏锐地聚焦于危险的事件。这种只看到一个人或一件事消极方面的隧道视野效应（tunnel vision）的确能帮我们发现潜在的危险，但是它同时会放大我们情绪中恐惧、失败和受挫的部分，让我们感到焦虑和不安。

在婚姻中，罗贝塔只能看到消极负面的情况，她无法原谅自己处在如此可怕的境遇中。她无法看到任何积极的方面，直到她进行了一项练习。这项练习要求她专门去留意家里好的方面，以及家人身上优秀的地方，并把这些都记录下来。整整一周时间，为了做这个练习她随时随地都携带一个便笺本。让她意想不到的是，她列出的积极方面比消极方面要多得多。

尝试一下: 试着找寻你生活中消极部分的积极方面，并把它们都写下来。尽可能地多问自己：“这件事中有哪些积极的方面？”“我从中得到了哪

些收获？”哪怕是在你认为自己做不到的时候，也要尽量去尝试。除此之外，试试自己能否直接去原谅那个人身上不好的地方，要知道，那个人可能已经尽了自己最大的努力。

二、非黑即白的思维模式

在这种压力思维模式中，只有完全好的或完全坏的，没有灰色的中间地带。一个人在第一天可能是个大好人，第二天他可能就变成了一个十恶不赦的大坏蛋。**对于我们原始的应激性大脑来说，一旦被压力激活，就会通过最简单的方法辨别环境输入给我们的大量信息——只把危险或安全的筛选出来。这种思维方式对人际关系有很多负面的影响**。比如，大女儿是个乖孩子，二女儿就是捣蛋鬼。但事实上，人并不是非黑即白的。不是聪明就是傻、不是好的就是坏的、不是美的就是丑的，这是不现实的。人类是处在一定相对范围内的。

应激性大脑非黑即白的判断方式过于简单，而我们自身的复杂性决定了这种简化的判断方式是不可行的。这种非黑即白的判断方式的最大陷阱是如何评价自己。如果你不完美，那么你就是失败的——错误是不被容许的。这也是自我原谅中的一个主要问题。

我认识一个很聪明的姑娘，她曾在年轻的时候误入了一个邪教组织。尽管她很有能力，也曾经做过一些工作并且都能胜任，她还是会继续贬低自己，就因为自己曾经轻信过邪教头子的话，误入了歧途。因为这个错误，她只愿意去做一些卑微的工作。她对自己的评价是这样的：“曾经的我很聪明，但是现在的我很傻。”虽然知道自己曾经非常优秀，但是很多从虐待关系中走出来的女性都只会考虑比自己能力水平低的工作。这样的现象非常普遍。

为了克服非黑即白的思维模式，麦凯博士（Dr. McKay）、戴维斯博士（Dr.

Davis）和 P. 范宁（P. Fanning）在《思维与情绪：认知性压力干预的艺术》一书中告诉我们要按比例去思考。举个例子："她的工作中有 25% 是不尽如人意的，但是剩下 75% 都很好。"再举一个例子："他有 60% 的时候是自私的，但同时有 40% 的情况他可以非常慷慨大方。"又比如说："我可能有 15% 的时候是个混蛋，但其他时候我还挺好的。"

如果你发现自己陷入了非黑即白的思维模式，通过这种按比例思考的方法，你可以更好地原谅，因为这个方法可以帮你脱离自己的评判。自我原谅在这种情况下非常重要，和原谅他人的不完美一样重要。

请记住：当我们去原谅他人的不完美时，我们其实也是在为原谅自己做锻炼和准备。

尝试一下：将自己讨厌的和谴责自身存在的行为或品质列一个单子，然后以现实的眼光去审视，用按比例的方法去思考这些问题。最后，逐条地原谅你自己。

三、灾难性的思维模式（小题大做、灾难化）

这种思维模式会让人从任何发生的消极事件中，看到灾难即将来临。这和第一种思维模式很像，但会更加失控一些。这两种思维模式在经受过悲剧和创伤的人群中都非常常见，但也可能是由于受父母的影响而习得的。在这种思维模式中，恐惧和绝望慢慢入侵，理智、信念和正向思维完全失去了控制。举个例子，你丢了工作 = 丢了房子 = 你的妻子和孩子会离开你，这些想法可以在几秒钟之内形成。接着，情绪的变化就随着大脑进入一串连锁反应而开始，从不做反应的回避，到愤怒甚至伤害他人。

当这种想法逐渐变成一种习惯性思维的时候，你便失去了让生活变得更好的信念。未来是苍凉冰冷的，很小的事情也可能造成暴怒或持续的恐惧。

吉姆的爸爸在纽约的布鲁克林长大，他小的时候不能在街上玩耍，因为他的母亲担心他可能会被车撞。可那个时候路上还并没有那么多车，他所有的小伙伴都在马路上玩，除了他。事实上，小伙伴们玩的球和球拍还是吉姆爸爸的！后来，吉姆的爸爸在 15 岁的时候选择了离家出走，这也就不足为奇了。

灾难性的想法会导致不好的情况发生，这不是因为引发灾难性思维的事件本身，而是由对这件事情的反应导致的。一个人因为丢了工作就谋杀了自己的同事，这很显然是由灾难性思维造成的。

再举个没那么严重的例子。如果我在工作上犯了一点错误就认为自己会被炒鱿鱼，我可能就不会很努力地去工作，因为在我的意识里，不管自己再怎么努力都会被炒掉。很多人都会因为自己结束了一段感情而无法原谅自己，这些人有一个普遍的想法：我再也找不到一个人来重新爱我了。怀着这样的态度，他们很可能真的找不到这样的人。正因为如此，原谅才显得尤为重要。如果做到了原谅，那么你就会从受害者的痛苦和态度中解脱出来。

灾难性的思维模式是一种对他人、对自己缺乏信任的表现，并且这种想法里完全没有原谅存在。摆脱这种思维，你需要耐心和理性的帮助，这样你就有机会看看除了大脑在紧张状态下跳出的第一反应之外的其他选择和可能。

为了摆脱瞬间产生的灾难性想法，你首先要做的就是让压力下的应激反应系统安静下来。可以出去散散步，给朋友打个电话聊聊天，或者做做放松反应疗法的练习，等等。一旦你冷静下来并获得了一定的理智，就做做下面的练习吧。

尝试一下： 重新看看这三种负面的思维模式。针对你自己的情况，从一个客观的角度去观察实际发生的事情。这个角度要和你的反应完全分离，就像是从一个朋友的视角出发。

针对小题大做的灾难性思维，列一个单子，记录一下你因为某件事发生而想到的所有可能的后果。

1. 对于清单中的每一种后果，先问自己："这是真的吗？"然后再问："我怎么知道它就会发生呢？"

2. 在每种后果中，找寻可能发生的积极的事情。

3. 在这个过程中，注意任何你所谴责的行为和品质，然后看看自己能否原谅自己或他人的这些行为和品质。把这个清单放好，我们很快就会再用到它。

如果你现在还做不到原谅也没关系，继续读这本书并实践书上的练习方法。

灾难性的思维模式不能只靠原谅去解决。尽管原谅有很大帮助，但它还需要你对生活、对自己的信任和信念，这些内容已经超出了本书所谈论的范畴。信任和信念使我们与最真实的自我联结。对我来说，那段旅程才是更重要的。自我原谅对清理旅途中的障碍非常有帮助。

第十二章

自我原谅与内心强大

“灾祸，一个人还可以忍受，因为灾祸是外来的，是意外。可是犯了错误而要自作自受——啊！这就是生命的创伤了。”

奥斯卡·王尔德（Oscar Wilde）

自我原谅的关键

在上一章里，我们讨论了通过发现你的自我防御机制进行自我原谅，可以使原谅更加持久和彻底。这一点做起来并不容易。那么，我们就来更加深入地探究如何获得自我原谅。

研究人员发现，**自我原谅不仅包括面对自己的错误，还包括放下那些负面的想法、感觉和行为，并“用同情、慷慨和爱来替代它们”。当你对自己产生了积极的想法、感受和行为时，你就知道你已经原谅了自己。**

愧疚、痛苦和惩罚

人们的价值观、规矩和道德准则，决定了人们生活中的各种标准。当他们违背了自己的标准时，他们自然会产生不好的感觉，因为他们知道自己的所作所为是不对的。在这种情况下，他们通常会感到一定程度的愧疚。

如果我们觉得自己缺少价值，我们就无法培养我们的内在力量。这种价值的缺失感通常来自愧疚的情绪，同时还伴随着我们对自己的恼怒。由于感到愧疚，我们会认为自己应该受到惩罚，而且还会得出这样的结论：自己曾做过一些令人不齿的行为，因此我们的人生是没有价值的。如果我们一直抓住这些负面情绪不放，让它们永远存在于消极的自我评价和自我攻击中，我们就让自己陷入了一个恶性循环。当你尽自己所能释放了所有的愧疚之情时，你就能重新拥有最高尚的品质。这就好像在你原谅了他人之后，你们之间的关系也会得以恢复一样，我们的价值感通常也会随之回归。

在《大监狱，大梦想：犯罪与美国刑事制度的失败》（*Big Prisons, Big Dreams: Crime and the Failure of America's Penal System*）一书中，作者迈克尔·J. 林奇（Michael J. Lynch）向我们展示了改变行为方式的三种方法：正强化（positive reinforcement）、负强化（negative reinforcement）和惩罚。其中，惩罚对人类的作用是最弱的，正强化的效果是最好的。当你在处理自己的问题时，请在心里牢记这点。

惩罚自己并不会有效地使你的行为得到积极的改变。然而，用惩罚去改变人们行为的做法，在我们的文化中已经持续了成百上千年。出于习惯，如果我们受到了别人的惩罚，我们通常也会自己责备自己。但是，你需要抵制这种“诱惑”，因为惩罚只会带来恐惧，它会激活你的低级脑功能，你试图去摆脱的怨念也会随之增加。因此，你想要原谅自己的目的就无法达到了。

放下愧疚并不是那么容易做到的。你可能需要很多种方法来帮助自己。如果你注意不到生活中的行为变化，那么我会推荐你找一个人一起来进行这项工作，而不是独自完成。

由于父亲的突然离世，卡尔来不及修复和父亲之间的一道心理创伤。对于这件事，他感到非常糟糕。为了寻求帮助，他使用了一个比较古老的方法。他会定期来到郊外的大自然中进行长途徒步，在这个过程中他会以自己的方式反思祝祷，祈求将自己从愧疚中解放出来。终于，在一次徒步中，他感受到了一直寻求的原谅。

愧疚只能被看作是行动的感召。当你发现自己“错失目标”时，你需要做的只是纠正自己的错误，然后再次尝试。

重复性的自责并不能使你的行为或技能得到进步，勤加练习和保持自信才能使你做到这点。

解决内心的冲突

马修成长于一个对道德要求严格的家庭，对于从资本主义的投机中获得巨大的利益，他持强烈反对的态度。但等他长大成人以后，他的生意帮他赚了很多钱，使他过上非常舒适的生活。由于内心的冲突和挣扎，马修饱受愧疚和抑郁的折磨。

通过姐姐的帮助，马修终于利用原谅的方法，列了一个关于他自己的生活中以及经历的文化中积极方面的清单。这个举动使他更加深刻地认可自己的价值，特别是他对家庭的供养和付出，以及对孩子们在一些重要原则方面的教育。透过这个新的视角，他意识到自己可以用这些财富去帮助那些并不像自己一样幸运的人。他的愧疚也在帮助他人的过程中蒸发了。除此之外，他还减少了对他人的评判。可能对很多人来讲，他的解决办法是非常显而易见的。但由于他那时被淹没在自我批评之中，他无法清楚地看到这个方法。

另一个故事是关于朱莉叶特的。她非常恨自己的父亲，因为父亲是个暴力的人。同时，她因为自己在小的时候没有能力保护姐姐和妈妈，而处于深深的内疚之中。虽然她身边的大人都告诉她："你不应该这样想。""那时候你还小，什么也做不了。"但她还是无法改变内心的愧疚，因为她必须自己意识到这些。原谅疗愈帮助她看到了自己愧疚中的非理智部分，从而释放了对自己的恼怒。

还有一个姑娘叫艾格尼斯，她在一次约会中被对方强暴了。她对此有许多情绪，其中就包含羞耻。在治疗中，她把所有的情绪都分离开来，自己分析情绪背后隐藏着什么。她发现自己感到羞耻和内疚的原因，是"我让这件事发生在了自己身上"。尽管这个原因并不是出于理性的，因为在那次暴力事件中她并没有做错什么，但艾格尼斯还是感受到了内疚。尽管原谅的发生可能并不是她本来的意图，但是当艾格尼斯原谅了自己以后，她不仅感到心中的负担都消失了，而且还清楚地认识到，那个强奸她的人必须对这件事负全部的责任。

区分不同的价值观

我们可以观察到，大多数人都有自己的价值观和行为标准。尽管我们可能无法赞同他人，但确实可以看到他们也是拥有自己的价值观和行为标准的。如果理解了那个无法原谅的人过着不一样的生活、被不同的价值观所驱使，谦逊就会随之产生并说出："我并非什么都知道。"原谅就会成为心灵的礼物，为他人和自己创造一个全新的环境。

那是夏天一个炎热的下午，露西的生活发生了巨大的改变，因为她突然意识到和祖父相比，自己的父亲已经是一位非常好的父亲了。在这之前，她一直怨恨自己的父亲过于严格、非常冷漠，以及父亲疏远家人。但是那天露西告诉我："我和我的姑姑，也就是我父亲的姐姐聊了聊，才发现父亲的童年过得非常艰辛，经常遭到残忍的毒打。和我的祖父比起来，他真的是一位好父亲了。"听了这番话，露西重新燃起了对父亲的感恩之情，也不再怨恨父亲在抚养自己的过程中似乎没有付出许多爱。同时她还意识到，这也不是自己的过错。

不同的人处理自己在幼年时所接受的教育的方式，可能会大有不同，哪怕在一家人之间。在一段对兄弟俩的采访中，一个说："我的父母是酒鬼，他们整天都酩酊大醉，所以我才自然而然地也染上了酗酒的恶习。"另一个说："我知道酗酒对我父母的影响，以及酒精是如何毁掉了他们的人生的。所以，我当然滴酒不沾。"

我们要注意，自我原谅并不是所有问题的答案。在《后天生活中的无法原谅、抑郁和健康：原谅的保护因素》（*Unforgiveness, Depression, and Health in Later Life: the Protective Factor of Forgivingness*）的文章中，研究人员阿什利·E. 艾默尔博士（Dr. Ashley E. Ermer）和克里斯汀·M. 普罗克斯（Christine M. Proulx）发现，尤其是对于女性来说，原谅自己并不是必要的，原谅他人也能为抵抗抑郁提供盾牌。

施与和接受

我们每个人都想要得到快乐。但是，我们只能在自身可以体会到的水平上感到快乐。可以给别人带来快乐的人都拥有一项技能，那就是举一反三，让快乐也进入自己的生活当中。与之类似，想要得到爱，那么你就需要施与爱。如果你不让爱进入自己的感知范围，那么你又如何鼓励他人去爱你呢？如果你知道是什么阻碍你接受爱，你就能够得到更多的爱。这一点也适用于获得喜悦、平静和其他积极正向的感受。

如果你无法原谅自己或他人，那么就不要再问类似这样的问题："为什么我找不到一个亲密的爱人，或是一个爱我的人呢？""爱都去哪儿了？"当你选择怨恨、愤怒或是仇恨的时候，你就选择了让爱消失。从某种程度上说，你得到的就是你给予的。如果你很愤怒，事实上你也给予了别人许多愤怒，所以你才会得到这样的结果。

发火能推动事情的发展、得到结果，但这样做值得吗？我早前的一位学生格伦，他是一名建筑承包商。他能够通过发脾气完成很多事情，只要他一发火，人们就会加快做事情的速度，让他产生一种很喜欢的权力感。但是几年之后，他开始不喜欢愤怒带来的其他结果，比如高血压、失败的婚姻、没有幸福感、容易暴怒、睡眠不好以及抑郁症。当他试图寻找其他生活方式的时候，他终于开始原谅许多事，也能够更加享受自己的生活了。

甲壳虫乐队（The Beatles）的《结束》（*The End*）这首歌里有一句歌词说得很好："你付出多少爱，就会收获多少爱。"

原谅、爱与平静都是可以选择的，它们无法被强迫或者被要求。我们在过去 2000 年里见证了这一点。虽然过去并没有什么关于原谅的有效方法，也没有可以参考的范例，但人们还是提倡要去原谅。人们也会被告知已经被原谅了，不管人们是否真的相信，也不管人们是否能够感受到。**只有当人们对爱、平静和内心喜悦的欲望，超过了对攻击、愤怒和报复的欲望时，原谅才会发生**。你所得到的很可能是你所施与的。如果你没有给予自己尊重、爱或正面关怀，那么就不要抱怨你的生活了。改变你对自己的态度，你的生活就会发生改变。

尝试一下：如果你感到在生活中没有得到应有的正能量，那么就从你的角度仔细看看自己的价值所在。自我原谅是打开内心丰盛和价值之门的钥匙。找到内心感到没有自我价值的地方，看看是不是与某些愧疚之情有关。仔细地寻找，它就在那儿。最后用原谅把我们的愧疚消除。

受害和内疚的死循环

很多人可能并不知道，他们已经陷入了一个受害者的死循环，他们会不停地感到内疚并且受到他人的影响。这个死循环是这样的：

1. 我们的所作所为违反了自己的道德标准、规则尺度和价值观念。

2. 这就导致我们感到内疚、羞耻和悔恨。

3. 我们谴责自己并甘愿接受自己或他人的惩罚，因为我们觉得这是我们罪有应得。除此之外，我们还总会担心受到上天的惩罚。

4. 我们的自我防御机制开始发挥作用，然后我们会将事情的发生怪罪到别人头上。

5. 我们会开始攻击他人，可能很隐晦也可能很猛烈，这就给自己造成了更多的内疚。由于我们担心会受到他人的攻击，我们会以此为借口更加激烈地攻击他人，因此我们陷入这个永不停歇的死循环当中。

我们越是攻击他人或自己，这个死循环就会越糟糕，我们也会越来越抑郁不满。这样的攻击不管是外在肢体上的还是内在心理层面的，也不管是否激烈（虽然很多情况下攻击会变得非常激烈），都会造成很大的影响，哪怕只是轻而易举地在背后说别人的坏话、毁掉那个人在别人心中的形象。

原谅可以在任意一点进入这个死循环，然后将它打破。

如果你觉得你付出了爱得到的却是愤怒，你可能需要再进一步地去分析处理问题。玛格丽特是一个充满爱意、怀有信仰的人，但是她的丈夫经常对她使用暴力。每一次当她离开丈夫以后，她都会原谅他然后再回到他的身边。从表面上看，似乎正是她的原谅，才导致了丈夫对她的伤害。这种逻辑就像是说，如果一个人经历了三次以上车祸的话，那个人就不应该再开车了。但事实上，重要的是去找到他们出错的地方，然后将它改正，而不是谴责受害者。

如果一个人付出了爱却接收到愤怒，更深层的问题可能是无法设置一个界限。经常受到伤害的人没有能力去划清界限。类似的例子我们经常在家庭暴力中看到。处在局外的、健康的人们会去询问受害者："为什么你还要保持这样的一段关系？""你为什么不把那个人赶走？"这些合情合理的问题在这里可能并不实用。

受害者的被动和缺乏界限通常源于儿童时期。我们经常会从受害者那里听到各种抱怨和牢骚，他们能看到消极的方面，却无力改变现状，主要感受到的也都是后悔、内疚和怨恨。受害者通常还会攻击自己或是受到外界的攻击，因为从一定程度上来说，他们觉得自己活该。这一点急需改变。女性比男性更容易陷入这种思维，因为她们在历史上就曾受到长期的思想禁锢和贬低。

家暴这枚硬币的另外一面则是施暴者。施暴之人也曾是受害者，却以另外一种方式表现出来。在我的家暴疗愈小组中，我会问所有愤怒的人同样的问题：你们害怕什么？如果他们能够诚实地回答这个问题，他们的愤怒就会在瞬间发生转变。

查克是一个强壮的硬汉。有一次他在高速公路上行驶的时候，被人故意抢了道。于是查克一边继续在高速上行驶，一边故意去撞那辆抢他道的车。当他意识到自己的行为是多么疯狂的时候，他回到车流中然后驶出了高速。在心理咨询的过程中，我问他到底是怎么想的，他说看谁还敢再占他的便宜。在我们进一步交谈当中，查克告诉我在他 5 岁到 12 岁那几年，他的父亲经常喝醉酒后打他。12 岁那年，他终于对父亲还了手，不过从那之后，他便开始在外面打架斗殴。

总是被内心的受害者的想法和态度影响，就像是让一个孩子来掌管你的人生，让一个以自我为中心、软弱的你来掌管一切。这些一旦发生，你就会变成自己最大的敌人。**原谅所有的暴行，做到自我原谅是非常重要的。选择原谅，就是选择重新获得平静的内心与爱**。原谅还会带来喜悦。有些心理治疗师可能会不同意我的观点，认为愤怒是件好事，但是在我的经历中，我发现持续的愤怒一定不是好的。

梅瑞迪斯是一位在家庭中受到虐待的妻子。为了疗愈心理上的创伤，她开始参加互累者康复协会（Co-Dependents Anonymous），从刚开始的每周一次到最后一周三次，直到她感觉开始好转。互累者康复协会，简称 CoDA，为那些想要发展健全、健康人际关系的人们设计出一个十二步骤计划。它从嗜酒者互诫协会（AA）发展而来，但不仅限于解决酗酒问题。通过参加互累者康复协会，梅瑞迪斯了解了为什么她会回到虐待的关系当中，以及为什么自己总是容忍这样的事情发生。

她开始用十二步骤计划进行康复疗愈，其中包括一些高强度的灵修方面和原谅方面的内容。梅瑞迪斯看到，自己回到虐待中的行为实际上来自母亲过去的行为模式，反映出母亲内心自我价值的缺失。

在梅瑞迪斯的案例中，由于她的丈夫不愿意戒酒并且暴力倾向越来越严重，她选择了逃离并且再也没有回去。当我在课堂上与她交流的时候，梅瑞迪斯说她还爱着他，但是她知道自己被亏欠了太多，她值得拥有更多、更好的。现在，她身边有了一个深爱着她、对她关爱有加的男人。她之所以参加我的课程，是因为她想要原谅自己的原生家庭。

由于梅瑞迪斯的丈夫是一位酗酒者，她其实是可以去参加 AA 的。但是因为她有一位朋友参加了 CoDA，所以她才选择了 CoDA。AA 还包括一个名为酗酒者家庭青少年互助会（Alateen）的下属组织，主要为酗酒者家庭中较为年轻的家庭成员和朋友提供希望、理解和支持。这个组织也是从 AA 发展而来的。

如果人们总是感到自己受到迫害，这可能来源于他们的惯性思维：总觉得自己被外界所控制并因而感到绝望——我就是受苦的命。这些想法会将他们困住，因为他们并不相信自己能在生活中创造积极的结果，更不要说改变世界了。在他们的信念中，自己的痛苦、损失和失败一定是某个人或某件事的错。“看他们对我做了什么！”是这些人通常的心理活动。有了这样的态度就很难找到解决问题的办法，因为“不管怎样，这些办法可能都完全没用”。

我们表面上似乎无法控制事情的发生，但事实真相可能是这样的：

1. 我们一直在做出选择。

2. 每个选择对我们的人生都会造成一定影响。

3. 总的来说，我们对发生在自己身上的事情负有一定责任。

想要改变面对命运感到无助和绝望的假象，你需要更多地掌握对自己的大脑反应的控制权。对于自己内心发生的事情，你要承担主要责任，因为你的生活中发生的事情都是由你的选择决定的。你还需要负责任地去处理那些绝望、无助的受害者意识。最重要的是，你要意识到自己被负面的反应所掌控，现在你需要重新获得控制权，并且寻求外界的帮助。

当然，外在发生的事情是你没有办法控制的，但总的来说，你的选择还是会对你的外部世界产生一定影响。满足和喜悦同样来自你持续做出的某个选择。很多受害者无法理解这个事实，因此受尽折磨。同情心可以帮助你去原谅他人，比如你的父母，他们在生活中可能总是选择去扮演受害者的角色。

在原谅他人的过程中，要记住，人们会选择他们认为对自己最有价值的东西。尽管幸福并不一定会出现，但人们相信它会带来幸福。

加布里埃尔认为，自己生命中最基础、最重要的就是安全感。因此，她和自己的丈夫保持了30年的婚姻，而这个男人除了能带给她金钱，别的什么都没有。为了获得安全感，她牺牲了自己的激情和愉悦。通过深入探讨，她意识到丈夫给予自己的正是对她来说最重要的东西——安全感。这也从根本上改变了她对自己婚姻的整体看法。

再深入一点

为了原谅自己或他人在生活中不断受到的伤害，试着去寻找那些更为重要的需求——对你或对他们来说，什么是最重要的？这里通常会出现冲突。通常，受害者的需求会从这件事中得到部分满足，否则他们不会一直处于这种情况，无法放手。但同时，他们也会为无法控制这件事情而感到无力和绝望，因为更高层次的需求还未得到满足。事实上，我们每个人的意志都是自由的，我们可以自主地做出选择。

如果你无法认同自己或他人做出的决定，那么就用同情的眼光去发现这些决定背后的意义。什么才是最重要的？在那些无法原谅的案例中，对于很多人来说，正确比快乐更重要。

“只有在可以原谅以后，我们才有能力去爱。我们对原谅的体验越深刻，我们的爱就越热烈。”

保罗 · 田立克（Paul Tillich）

我在心理咨询的过程中，接触过一些邪教组织成员。虽然这些人都承认加入邪教是一件很可怕的事，不过他们也说它确实在那个时候让他们感觉到生活的意义，至少足以在虐待关系中给他们一个心理支撑。通常情况下，为了让人们原谅他们做出的、待在压抑中的选择，他们必须要认识到这个选择是自己做出的。然后，这就变成了一个自我原谅的问题。

“如果你是被蒙骗了呢？”我的一位学生劳丽安问道，“邪教的所作所为和它的成功都是谎言，我们全都被骗了。你无法证明他们所说的东西是否都是真实的。如果我知道这些都是骗人的，我是绝对不会加入这个邪教组织的。”对于她提出的疑问我表示赞同。我接着问：“那你该如何看待邪教的骗局，好让自己继续生活下去呢？”对于这个问题，每个人有不同的解决办法。这也是我把这本书呈现在大家面前的原因。

劳丽安在原谅疗愈课程的最后一篇论文中，指出我们其实一直被父母、媒体、广告等欺骗。“这样的做法在团体组织成员中似乎很常见。但是我承认，当我得知这一切都不是真的的时候，我选择了对我的家人和朋友撒谎，说我过得很好，团体组织也很棒。”

以下这些引人深思的问题，涉及人们对控制缺失感方面的认知：

1. 我做了什么样的选择才导致了这种情况的发生？

2. 我做了哪些决定？

3. 我现在可以做出怎样的决定来改变这一切？

获得自我原谅方面的帮助

有研究人员表明，我们的生存机制在出生以后就开始被充分地利用。随着年龄的增长，我们会一直用它来保护自己的安全以及保持身心的健康。

当然，还有一些完全不同的东西可以为我们所用——超越我们日常熟悉的事物的体验。它激励我们向内心最好的一面前进，而不仅仅是生存。它也是我们灵感与爱的源泉。总的来说，这种体验大多存在于部分思想体系领域。在那里你会找到一些有用的方法，可以帮助你与这种灵修体验和思想发生联结。

随着心理学在 19 世纪末的发展，这种精神体验被贴上了“不正常”的标签。那个时候的主要矛盾是教派和科学之间的矛盾，弗洛伊德理论的日益流行和他对宗教的憎恶态度激化了这种矛盾。这种不幸的冲突也是我们的精神体验割裂于日常生存模式的一种体现。

超个人心理学（transpersonal psychology）可以帮助人们将这些看似独立的经历一一整合起来。不过，总的来说，教派和心理学之间的分歧依然存在。对于原谅疗愈的领域来说，这是非常不幸的。许多年来各种教派一直在利用原谅的力量，这并非偶然。因为，原谅能够带来改变。

如果你无法获得自我原谅，你可以向很多人寻求帮助。几个世纪以来，仪式一直作为一种强大的工具，帮助人们摆脱持续不断的、阻碍人们去原谅的大脑应激反应。

无法释怀的情况会让你消耗掉巨大的能量。当你能够同情别人或自己的处境，并原谅他们、原谅你自己的时候，你就重新获得了力量。

具有讽刺意味的是，这项工作可能是高强度的、紧张的，需要很大的个人力量。然而，你的个人力量被困在了那些无法原谅的事情中。因此，在开始进行原谅疗愈的时候，可用的能量非常有限。这就是为什么原谅在起步阶段是如此艰难。不过，也只是在开始阶段罢了。

第十三章

处理压力和心理创伤

"长期的压力就像一杯慢性毒药。"

简恩·金博士（Dr. Jean King），

马萨诸塞大学医学院

无法释怀的情况会给我们带来许多压力，因此我们需要进一步研究如何减轻我们面对压力时的反应，这样我们才能使原谅变得更容易。这一章是关于处理我们的压力的，无论它是来自家庭或是工作上的过度劳累，还是心理创伤及其造成的后果。

在前几章里，我们讨论了为什么我们会产生这样的反应。这一章我们将讨论这些反应所引发的一系列严重问题，以及如何有效地去处理这些问题，以防我们被苦难压垮、感到窒息。原谅当然是十分必要的，但要做到这一点，你通常必须先让自己冷静下来。

压力不一定都是不好的，它也可以很有用。处于压力状态下，当旧的方法不再奏效时，压力可能会刺激我们想出新的方法来应对。然而，过多的压力会使我们的高级脑系统超负荷运转甚至关闭，那么你就可能做出不理智的行为。生活中的压力常常会唤醒习惯性的恐惧或愤怒反应，因为"战斗或逃跑"反应很容易被激活。逃跑的反应来自恐惧，恐惧也会导致焦虑和心慌。在极端情绪之下，我们会产生绝望、冷漠，甚至自杀的想法，战斗反应在极端情况下就有可能产生致命的结果。我们在学校和工作中可以看到很多这样极端反应的例子。

重要的是，你需要早早地捕捉到自己身上压力的迹象，并能够在那些你试图原谅的人身上看到这些症状。

《今日心理学》（*Psychology Today*）杂志告诉我们，过去处于压力中的体验会放大你现在面对压力时的反应。

我们知道创伤性事件所产生的影响可以是毁灭性的，但是如果假以时日，很多人最终都能渡过难关。然而，如果处理不当，这些伤痛可能会产生长期的不良后果。由于创伤可以深度激活身体的应激反应，因此我发现，原谅疗愈对那些长期被创伤事件所影响和折磨的人会非常有益。

通常情况下，一个人之所以无法应对长期不断的压力，大多是因为他在早年间曾经历过创伤。比如车祸、强奸、自然灾害、持枪抢劫、生活在战区或濒临溺水等，这些创伤性或灾难性的事件都是突然发生、难以承受的，而且往往非常危险。受害者通常会在当时或事件发生之后感到强烈的害怕、无助或恐惧。虽然许多受害者能够处理好关于创伤的记忆并能很好地面对，但有些人在之后会产生强烈的焦虑反应。这种反应被称为创伤后应激障碍（PTSD）。

请注意：因为对受害者给予了同情心，那些帮助受害者渡过这些难关的家人、朋友以及专业人士，也可能会受到事件的影响。这就是所谓的共情疲劳（compassion fatigue），我们将在本章后面进行讨论。

我之所以在这部分着重强调心理创伤及其影响，其原因有以下两点：

1. 心理创伤往往会造成表面上看似无法原谅的伤痛，尤其是在发生了重大损失或人员伤亡的情况下。

2. 在这个恐怖主义存在的时代，新的创伤事件很有可能会发生在我们身边。因此，我们需要意识到它们的影响和效应，尤其是当它们可能发生在我们身上、与我们亲近的人身上或者那些我们需要原谅的人身上时。

对于压力，你可以通过改变思维习惯和行为模式来缓解。认知疗法对此很有帮助，冥想和祈祷也是如此。同样，眼动脱敏再处理疗法（EMDR）和VK分离催眠法（VKD）在改善人们的创伤体验方面也取得了显著的成效。EMDR的作用是减轻特定创伤事件的情绪负荷，而VKD通过催眠的方法来达到同样的目的。对于我自己的心理创伤和由此产生的PTSD来说，原谅则是最好的办法。

有很多不同的方法都可以帮助我们缓解压力大的情况。一个忍受暴力的妻子可能最终会决定离开，她要保护自己而不是生活在恐惧中。勇气会带来新的行为方式。找到一种不同的回应方式有助于消除与行为紧密相连的习惯性情绪。如果你改变了反应中的任何一个部分，那么整个反应模式都会发生改变。

从心理学和大脑研究中我们得知，用理性认知的光芒去照亮你的情绪困扰有助于缓解内心的不安。为什么呢？这是因为我们的线性思维、大脑中负责分析的部分需要与我们的情绪系统一起工作，才能让心情平静下来。

无法释怀的人因为经常去想那件发生过的事情、那个伤害自己的人，或者压抑这种想法，让它存在于潜意识之中，而使自己处于持续紧张的状态。当你把旧的压力反应添加到所处环境的正常压力之上时，你可能会感到无法承受。这时，原谅疗愈可以帮到你。

压力方面的研究证明，如果不能适应给我们造成压力的事物，它将会对我们的身体产生一定影响，可能包括从身体疲惫到患上感冒或流感，甚至染上更严重的疾病。在人类早期时，每当压力事件发生之后，比如遇到了凶猛的野兽，我们的身体可以在一段时间内自然而然地放松、恢复。但是在今天，我们的身体却很少能有恢复的时间。

当压力事件发生时，我们体内的激素和化学物质会激增，从而产生应激反应。如果这些变化不能够通过放松恢复到正常水平，那么就会有问题出现。当然，我们可以摄入更多的维生素和功能饮料，但是请记住，如果发动机一直在使用高效的添加剂和燃料来帮助提高速度，它最终会燃烧殆尽。身体也是如此。

如果压力阶段经常持续，成为一种常态，那么紧张、疲惫和过劳就会产生，进而导致包括心脏病、慢性退化性疾病在内的身体问题，甚至最终引发死亡。

压力过大与疲惫的表现

请注意长期受压和过度劳累的表现和症状，看看它们是否存在于那个你想要原谅的人身上，或是自己身上。

研究表明，人的身体在压力下释放的化学物质和激素会对我们产生以下影响：

1. 容易患上癌症、慢性感染及慢性病。

2. 容易造成身体上的溃疡、肿胀、关节痛以及哮喘。

3. 可能会削弱身体循环，导致中风、心脏病发作和高血压。

4. 影响情绪系统，造成抑郁或攻击性变强。

甚至有证据表明，强烈的心理压力可以改变人的大脑构成，而这种影响有可能是永久性的。

如果长期遭受心理压力，很容易导致过度疲劳，可能产生以下身体状况：

1. 身体疲劳。
2. 睡眠中断。
3. 头痛、胃痛、身体疼痛。
4. 容易得感冒或流感。

一个人在过度疲劳的情况下，可能会产生以下的态度和情绪：

1. 无能为力、绝望、无助。
2. 感觉被掏空、精疲力竭、悲伤、无聊、愤世嫉俗。
3. 沮丧、易怒、焦虑、怨恨。
4. 对工作不满意，因此造成工作效率低下，有时甚至会旷工。
5. 感觉自己被束缚、被困住，无法让自己得到释放。
6. 变得孤僻，与同事、家人和朋友疏远。
7. 对自己的能力缺乏信心，总觉得自己是个失败者。

以上所有的迹象一旦出现，就表明有严重的问题发生。有上述感觉的人需要立即得到帮助。如果那些你无法释怀、无法原谅的事情导致自己或其他人出现了这些状况，你必须明白在这种情况下，自己或他们都无法保持理性或同情。当我经历这些状况的时候，我也曾感到生命中没有什么可留恋的了。但是，强效原谅疗法帮助了我。

一旦出现了这些状况，滥用酒精和药物的情况往往会增多。很多时候，人们会向酒精或药物寻求帮助，让自己放松并摆脱这一切。类似的东西还包括处方药、香烟和咖啡。这些物质会使人上瘾，因为人们以为那是唯一能减轻痛苦的东西。然而，问题的根本并不在于这些让人上瘾的物质，而是人们无法应对的那些压力反应。在全球范围内，嗜酒者互诫协会和十二步骤计划都揭示了成瘾是一个精神和情感上的问题。让人上瘾的物质或行为本身并不是病，导致上瘾的思想与精神才是。

疼痛

患慢性疼痛的人经常会表现出上述症状。那些人生活在无休止的痛苦之中，头脑“不正常”的情况频繁发生，往往为自己或他人做出糟糕的决定。如果你认识这样的人，或者你就是这样的，那么同情和理解则是必要的工具。

芭芭拉在第二次世界大战后嫁给了一位残疾的退伍老兵。老兵总是感到痛苦，在工作中也总因为缺乏耐心而疏远同事们，久而久之，他便会找借口辞职。他换过很多工作，一直在寻找更好的地方，却始终没能找到。他的愤怒和暴躁吓坏了芭芭拉，但芭芭拉还坚持和他在一起，因为芭芭拉知道他其实是一个很正派的人，只是要忍受太多痛苦。不过，芭芭拉补充说，她理解丈夫遭受的痛苦，但这并不是他把痛苦强加到自己头上的理由。

芭芭拉从来没有准备好面对丈夫下一次的发火、朋友们的离开或搬家的决定。有时他们也会分开，但她心中的信念使她能够做到原谅。有时候，她选择原谅只是为了孩子，为了让家人们能够在一起。丈夫的痛苦也对她造成了影响和伤害，使她感到恐惧和痛苦。

患有衰竭性疾病或慢性疼痛的人日子不好过，他们需要经常服用止痛药或其他药物。这些药物会对他们的生活质量以及个性造成影响。他们需要不断努力控制疼痛和药物带来的副作用。酒精和药物（包括非法药物和处方药），都经常被他们用来治疗疼痛。

无论是否服用止痛药，由患有慢性疼痛的人抚养长大的孩子，都可能表现出与在酗酒者家庭长大的孩子一样的症状。

迈克斯是个好人，每个人都很喜欢他。他在工作上很成功。在聚会上，人们总是喜欢围着他说笑、喝酒。然而在家里，他却是另一张面孔。几年前曾经历的伤痛仍然折磨着他。孩子们在家里必须保持安静，不能邀请别的小朋友来玩，而且还经常被骂。没有人知道他的家人承受了什么，只知道“他是个不错的人”。

对于这样的人，你需要与之持续地进行内心的疗愈工作。你可能会感到困惑，因为酒精或药物确实能起到缓解疼痛的积极作用，让那个人表现出愉快甚至可爱的一面。如果你要原谅的、过往经历中的人是这样的，那么你的努力是值得的。尽管如此，我还是建议你寻求外界的帮助。

更多的时候，酒精或药物只是把疼痛掩盖了起来，你没有发现那些疼痛并把问题都归咎于上瘾。如果那些疼痛是情感上的，则可能更加令人困惑和难以理解。这一过程通常是这样发生的：原始的伤痛→疼痛→药物或酒精→他们的孩子受到情感上的伤害→他们的孩子会使用药物或酒精→他们的孩子的孩子受到情感上的伤害→类似的伤害代代相传。

尽可能地去理解你自己家庭中的这个循环，并努力改变它。原谅是你能为你的整个家庭、身边的人以及下一代做的最好的事情。

你能做的事

在过度劳累和长期的压力下，一个人永远无法找到走出苦难的好办法。无休止的要求和压力使他放弃去寻找解决方案。

如果你已经到了绝望的地步或你认识这样的人，请记住这是大脑低级反应的结果。就像我之前说过的那样，这就像是自己被附了身。这与你和他人都无关，而是本能的生存反应。办法总是有的，请为你自己或他人寻求帮助。

有很多原因可以解释为什么一个人会对压力做出这样的反应，例如，糟糕的信仰体系、扭曲的思维模式，或早期的心理创伤。然而，走出困境需要积极的自我反省，这通常是在专业人士的帮助下或和那些能对你保持爱和客观视角的人一起进行的。

慢性压力最可怕的部分是，人们习惯了它的存在却看不到出路。当压力处于这种持续慢性的水平时，它可以通过自杀、暴力、心脏病发作、中风和癌症等表现给人们带来致命的后果，因为它会消磨人们的意志。慢性压力很难治疗，可能需要进行长期的药物治疗、心理治疗和压力管理。

如果你曾看到朋友、家人或自己身上出现了上述状况，请注意有很多方法都可以提供帮助。虽然我不会在这里介绍所有的方法，但我要说的是，进行强效原谅疗愈可以让你更容易地从崩溃的边缘走出来。经过了多年对压力管理方法的教授，我还要说，当一个人对自己或他人心存怨恨和愤怒时，减压方法需要更长的时间才能见效。

消除困扰一个人多年，甚至可能从童年就开始的烦恼和不安，会产生明显的积极结果。我妻子的祖母从不与人闹别扭。我第一次见到她时，她已经 96 岁高龄了。但她的思维仍然很敏锐，她总是积极地讲述自己 80 多岁时送报纸的路线。她看上去依然很迷人，保养得也很好。她的外表、笑容和充满爱意的眼神告诉我，她找到了生活的秘诀——不再执着于早年的烦恼与不安，并且获得了平静。

经历过心理创伤的人，还需要知道些什么?

伊芙·卡尔森（Eve Carlson）和约瑟夫·卢瑟克博士（Dr. Josef Ruzek）为美国国家PTSD研究中心撰写过一份详细的说明，内容是经历过心理创伤的人需要知道的事情。具体包括：

1. 你不可能保护自己或他人完全不受到伤害：创伤也会降临到许多有能力、健康、强壮、善良的人身上。

2. 创伤出现后，可能会出现一些长期的问题。多达8%的人在一生中会经历PTSD。

3. 在经历过创伤之后，有时人们会觉得自己要疯了，或者觉得自己很虚弱。但这并不是真的。他们只是在经历与创伤反应有关的症状。

4. 适应性良好、身体健康的人也有可能会患上PTSD。

理解创伤引发的症状能够使人更好地处理它们，好的情况下还可以得到帮助。尽管有时一个人没有受到创伤的长期影响，但事件发生时的反应依旧存在于我们的身上。

人们很难独自去面对心理创伤。你可以找个心理治疗师来帮忙。一些机构也会提供心理创伤疗愈方面的帮助。然而，精神病学家、心理学家、心理治疗师和社会工作者虽然有执照，但不一定都受到过心理创伤疗愈方面的专门培训。

创伤的长期后果——PTSD

如前所述，一小部分人在面对创伤时可能会产生并保持非常强烈的反应。当一个人对创伤的强烈反应持续超过 1 个月时，即被称为患有 PTSD。这一比例在美国退伍军人的家庭中会比较高。在那些正在经历或近期经历过暴力冲突的国家里，一般人群的 PTSD 发病率可能会很高。2007 年，加沙地带儿童的 PTSD 发病率为 70%。

PTSD 是非常复杂且强烈的。我曾经研究过它，并试着处理过它，我自己也有几年备受它的困扰，最终迫使我走上原谅之路。我之所以在这里提出这个问题，是因为我发现原谅对处理无法承受的情况至关重要。为什么呢？因为总有人需要对灾难负责，通常也包括他们自己。有研究表明，原谅可以减轻 PTSD 的症状。

PTSD 最早发现于越南战争期间。医生们注意到，从战场上返回的士兵会经常做噩梦，他们经历的紧张和压力也会持续地在脑海中重现，从而使他们丧失行为能力。这种情况在第二次世界大战中被称为“战争疲劳”（battle fatigue）。20 世纪 80 年代，心理学家开始使用 PTSD 作为描述这种现象的术语。后来，他们承认这种情况可能发生在任何长期遭受创伤的人身上，比如受虐待的儿童。

查尔斯·费格里博士是研究创伤的影响以及 PTSD 的权威之一，他指出 PTSD 患者具有以下特征：

1. 通过记忆闪回、回忆或梦境，多次重温事件中最具创伤性的部分。
2. 努力避免被提醒。
3. 紧张不安，无法放松。
4. 无法在不沉浸的情况下对事件进行思考。
5. 症状持续长达 1 个月以上。

患者还可能表现出以下症状：

1. 恐惧和广泛性焦虑（特别是曾经的战俘、人质和自然灾害的幸存者）。

2. 滥用药物。

3. 抑郁以及强烈的负罪感。

4. 身心不适，住院治疗的次数增加。

5. 对时间的感觉发生扭曲（尤其是在儿童中间）。

6. 悲伤和对死亡的痴迷（尤其是那些独自在创伤中幸存下来，但别人却没能幸免或可能无法幸免的人）。

7. 爆发怒火和人际冲突的增加。

8. 旷课、旷工以及犯罪行为。

如果是有家庭方面的创伤，那么一名或多名家庭成员都可能表现出这些症状。如果你患有 PTSD，你需要去寻求帮助。如果你是在帮助别人，那么就请为他们提供所需的帮助，尤其是让他们帮助自己。

著名的国际创伤专家、医学博士贝塞尔·A. 范德柯尔克（Bessel A. Van der Kolk）进行的脑成像研究告诉我们，在创伤事件中，大脑中没有语言功能的部分表现得最为活跃，而大脑中与语言和谈论事件相关的前脑区域在创伤发生期间则处于完全关闭的状态。

当一个创伤受害者终于要“说话”时，很可能是通过愤怒、药物滥用甚至是肢体暴力的“声音”说出来的，这表示人们并不一定需要通过谈论创伤才能解决它。范德柯尔克博士强调了气功、太极、瑜伽、舞蹈和呼吸的力量，这些能让身体平静下来。在他的创伤疗愈中心，人们通过生物反馈和使用 EMDR 疗法进行自我调节。EMDR 是一种通过眼球运动来帮助人们解决恐惧和问题的强大疗法，这种疗法只能由持有执照的治疗师来进行。当然，日常生活中也有一种类似的方法叫作 EFT（emotional freedom technique），也就是“情绪释放疗法”，它易于使用和学习，没有负面影响，能够给人力量。

复杂性创伤后应激障碍

复杂性创伤后应激障碍（complex post-traumatic stress disorder，简称C-PTSD），顾名思义，这是一种更强烈、更难解决的心理障碍，由长期重复性的创伤造成，包括持续被虐待或被家人抛弃，以及其他关系中的问题。它与性、情绪或身体上的虐待，以及幼年时遭受的忽视和暴力有关。绑架、人质劫持、奴役和人口贩卖事件的受害者，战俘，被霸凌的对象，集中营、非法机构、邪教团体的幸存者，等等，他们的悲惨经历给他们造成了心理创伤。除此之外，它还包括被囚禁和诱捕等情况，这些情况会导致长期的恐惧感、无价值感和无助感，同时会扭曲一个人的身份认知和自我意识。

原谅与 PTSD

心理的创伤及其后果往往是由他人的行为造成的。当持续出现一些让人无法接受的事情时，怨恨就会随之产生。原谅则可以阻止持续的内心对话，阻止虐待或创伤的不断重播。强效原谅疗法之所以有效，是因为它能以一种完整而有条理的方式处理整个情况。由于创伤的强度及其长期的影响，我建议这些人可以与一位有经验的咨询师一起进行强效原谅疗愈工作。与任何处理严重伤痛的疗愈工作一样，安全是极为重要的，和他们一起工作的人必须能确保他们的安全。善良可以使人走得更远。

退伍老兵、PTSD 和那些无法原谅的经历

“当士兵们在战争中看到或做了一些不好的事情时，他们会产生愧疚和负罪感。一群心理健康专家为这些愧疚和负罪感起了个名字——道德创

伤（moral injury）。他们说，由于没能认识及承认发生在伊拉克和阿富汗的军事屠杀或平民屠杀，士兵们出现了 PTSD 症状。PTSD 是一种严重的、衰竭性的焦虑障碍，通常有 1/5 的作战部队会受到影响。”这是马克·沃克（Mark Walker）在《道德创伤也是一种战争创伤：研究战场违法行为及经历大屠杀的后果的会议》（“Moral Injury As a Wound of War: Conference to Examine Consequence of Battlefield Transgressions, Exposure to Carnage”）这篇文章开头所写的。

上文提到的那群心理健康专家来自美国退伍军人事务部（Department of Veterans Affairs），由布雷特·利茨博士（Dr. Brett Litz）领导，他们表示，道德创伤来自“实际做出、未能阻止、忍受目睹或知晓了那些与我们根深蒂固的道德信念和期望相违背的行为”。他们说，这种经历可能会产生长期的不良影响，这种影响可能是情感、心理、行为、精神和社交上的。他们认为，这些影响可能会导致 PTSD 症状——孤僻、自我谴责以及逃避的出现。

如果说原谅是为了什么而存在的话，那一定包括军事经历造成的 PTSD。事实上，一项针对正在接受 PTSD 治疗的退伍军人的研究发现，无法放下与较为严重的 PTSD 和抑郁症症状有关。此外，美国退伍军人事务部下属的国家 PTSD 研究中心在其与精神和心理创伤有关的网页上，足足 4 次提到原谅在创伤后的恢复过程中的重要性。

但是，谁知道该如何帮助人们有效地去原谅呢？遗憾的是，尽管我们有这样一个原谅疗法，但是精神病学家和治疗师们却很少知道它，因此很少利用这一疗法。这就像在青霉素刚出现的时候，虽然人们知道它的存在，但仍然会有医生因为病人出现感染而为其截肢。我曾经深受 PTSD 的困扰多年，但精神和心理上的原谅疗愈将我从 PTSD 和深度抑郁中拉了出来。原谅疗愈是真的有效。

所以请让别人也知道有这样一个可以帮助治疗 PTSD 的方法，这种原谅疗法是非常行之有效的。告诉你的治疗师，再把这本书推荐给他们，别让道德创伤和 PTSD 对退伍军人造成伤害的悲剧继续下去。与退伍军人一起工作是一项技能，同时学习军事文化也是必不可少的。

请记住，和所有患 PTSD 的人一样，首先，那些退伍军人需要看到原谅的价值所在。

共情疲劳

关于创伤还有一个不好的方面，就是继发性创伤（secondary trauma），它可能产生于与创伤的间接接触，例如通过直接听到一名来访者描述创伤事件而产生。在电视上反复观看令人震惊的事件也会导致这种情况。临床医生及任何聆听幸存者生动描述创伤事件的人，都会对该事件产生一定的想法或情感反应，有时甚至可能导致一系列类似 PTSD 的症状和反应，比如重温和回避创伤、持续处于紧张状态。这种创伤的间接结果被称为共情疲劳。

社会工作者和任何为他人提供咨询帮助的人，都需要处理咨询者的创伤对他们造成的影响。那些经常倾听他人心灵创伤的人，也需要定期地获取支持以恢复对工作的满意度和灵感。

为什么要自我原谅?

我们常常会觉得，自己要对生活中发生的创伤事件负责。其实，为了防止这些事情进一步伤害你，你可以原谅自己的错误（无论犯这些错误时你是否理智），尤其是当你对创伤感到内疚，并且对自己说了一些消极负面的话时。通过原谅自己以及发生的事情来处理你那些“要是……该多好”

和“我当时应该……”的陈述，一切都会发生改变。

在经历过创伤的关系中，原谅自己可以消除内心的愧疚和遗憾，这样人们就可以从错误中吸取教训，并建立一种新的方式来面对未来的错误。**建立在爱而非谴责之上的关系更能令人满意，并且它允许我们从最高的自我出发**。这一点在我们的所有关系中都是一样的。

当人们对高度紧张的情况做出不恰当的反应时，他们通常会产生遗憾、羞耻、内疚和自责的想法，甚至会做出不可原谅的糟糕行为。但是当人们理解了这些反应时，原谅也会自然而然地来临。知道受应激性的大脑控制的那个人不是你本来的样子，你就可以摆脱自责，远离自己的罪恶感。

要记住，你的反应并不代表你本身。它只是一种强大的生存机制，只是不凑巧进入了那个情境中。

创伤与原谅

记住，原谅是讲究时机的。如果一个人正在对一件可怕的事情做出反应，那么强迫他去原谅是没有用的，而且很可能会让这个人更加不安。对于一个仍处在应激阶段的人来说，最初可能需要使用其他方法，包括冥想放松、按摩、散步和心理治疗。对于那些愿意尝试原谅的人来说，强效原谅疗法在与其他常用疗法结合使用时，可能会更加有效。

我十分“佩服”下面这种滑稽的说法，因为它的描述与自我谴责一样疯狂：

来自管理层：打击将持续，直到士气提高为止！

PART.04

第四部分

实际工作

- 强效原谅的有效准备
- 强效原谅疗法

第十四章

强效原谅的有效准备

强效原谅的概述

我在第一部分提到过，原谅有不同的阶段和步骤。你在每个不同的阶段都要处理不同的情形。有时候，你可能很快就能消化某一阶段，但其他时候你可能需要更多时间。

原谅确实是需要时间的，究竟需要多长时间完全取决于你。一旦我下定了决心要去原谅并且投入其中，我会坚持走下去，直到我觉得我完成了对他人或自己的原谅。其他人可能发现他们需要经过很长时间，通过多个疗程才能达到更好的效果。究竟花多长的时间并不重要，你只需遵照下面所述的强效原谅疗法的大概流程。

强效原谅疗法的主要阶段有：

第一阶段：认识你心中所有的伤痛。

第二阶段：放下你心中所有的伤痛。

第三阶段：感受内心的转变。

其中，第二阶段包括以下几步：

第一步：正视伤痛。

第二步：加深你的理解和同情。

第三步：意识到你对他人态度上的变化。

第四步：按照原谅别人的方法来进行自我原谅。

第五步：感恩治愈，然后重复1—4步直到所有伤痛都被放下。

原谅是一个过程，需要付诸一系列行动，每个行动都包含多个步骤，这需要你去换一个不同的、更灵活的角度来看待恶劣的情形。原谅是一种艺术，可以帮你以更开放积极的态度接受他人和自我。如果没有理解与同情，通常难以做到原谅。一旦有了这些，原谅可能就会自然而然地到来，或更容易下定决心去原谅，也因此会更快地实现治愈。

在没有深刻分析所经历的情形和没有理解内心如何阻止原谅的情况下，下决心去原谅是有难度的。

强效原谅

在这本书中，我们通过提问、练习和建议等方法研究了原谅的不同方面。我发现这个过程会随着你对它的不断熟悉而加速进行。原谅对大多数人来说并不简单，也不会很快实现。即便做这些练习可以较快地做到原谅，刚开始还是要付出很大的努力。如果你已经读到了这里，你会理解这些，也会知道其实还有很多工作要做。

在原谅的时候，你需要利用客观现实带来的见解更加深入地看待你的过去。如果你可以以谦逊的态度来看待这一切，那么从某种程度上说，你也会同样地原谅自己，并且你的原谅也就会变得持久。这是基本的步骤和目标，将会带来心理的转变。

我认识的一个心理治疗师曾说过："这个强效原谅疗法是不可能有用的，只会带来终生的愤恨。你不可能就那样轻松地放下了。"这样的观点来自一些不承认我们真正自我的学派，他们还否定了爱是帮助一切的力量。爱因斯坦这句名言用在这里很恰当："用创造问题的大脑去解决问题是行不通的。"

如果你是作为一个引导者、朋友或心理咨询师在帮助他人进行原谅疗愈，运用你自己的更高力量，以积极态度鼓励他人为释放怨恨而做出努力，可以让你更好地协助他们。自己单独进行原谅疗愈比较困难。引导者的积极鼓励对一个人原谅的成功起着很重要的作用。

通常，引导者或咨询师也需要处理同样的心理问题。在我的精神疗法训练中，治疗师说过来访者通常会在聊天中勾起他们内心的痛处。或许，来访者并不能在治疗过程中做到原谅，但治疗师却能在其中受到感染。从许多方面来看，引导原谅的那个人也是原谅过程的参与者，他的作用至关重要。

注意心态的细微转变

在践行原谅的过程中，最重要的发现就是原谅的过程可以发生得很快。因为我们会产生许多情绪和想法的细微转变，它们会带来很大的改变。通过每一个小的转变，我们能重新获得一些被烦恼禁锢住的生命能量。

在这个过程中，要关注自己身体的变化：

1. 留心顿悟的时刻以及随之而来的释然感。
2. 注意你身体内部和主要肌肉群的变化。
3. 注意你的体温和呼吸的变化。
4. 留意你的能量水平，并在你需要休息的时候暂停这个过程。
5. 留心看问题的视角和理解上的改变，这也是一种顿悟。

以下有关感觉到的转变的几个问题，可以测试你是否感受到了这些转变：

1. 我在这个过程中有没有感到释然？
2. 现在是不是该休息一下了？
3. 就这件烦恼的事而言，我是不是感到心里多了一些爱与理解？
4. 目前阶段，我是否完成了原谅？

把这些要素铭记在心

在此过程中，要特别关注以下几点：

1. 安全。即照顾好自己。在所有咨询与冲突调解工作中，每一个参与者都需要感到安全，你在帮助自己进行原谅的时候也是一样。当你觉得心力交瘁的时候，休息一下，做一些没有压力的工作或一些有爱的事情。

2. 保持最高愿景。时刻留意你的目标与意愿可以帮你做到原谅。特别留意那些会激发你去原谅的事物。

3. 在原谅中找寻意义。让自己的生活有一个核心的价值观或原则，就像集中营里的野蛮的比尔和艾米·比尔的父母在南非做到的那样。去寻找所处情形的深层含义。

4. 在疗愈中敢于做出承诺。拥抱原谅的意愿，怀有原谅的意图，做出原谅的决定。

5. 感知你的情绪。在原谅的过程中时刻留心你的情绪，注意那些潜伏在表面之下的感受。逃避负面的感受很正常，但是并不能帮你完成原谅，你没法释放被藏起来的情绪。

6. 追求真相。对自己诚实。只有面对真相，才有可能被治愈。对你的身心健康最关键的一点就是对自己要诚实。心理防御机制只会阻止我们看到事情的真相。

7. 寻求内心的帮助。当你不确定要做什么或如何去理解你所经历的事情的时候，先让内心安静下来。倾听心里的声音，要对爱有信心。

8. 心怀感恩。任何时候，如果你觉得对一个人或一件事心存感激，都能改变你原先的想法。在所有原谅疗愈的最后，去寻找感恩的心。想想你从这个过程中得到了什么，你可以在哪方面感恩对方。

原谅的秘诀

下面给大家介绍一些可以帮助人们做到原谅的良方，我把这些方法称为秘诀，因为很少有咨询师真正运用这些方法。

这些秘诀有：

1. **拥抱你的直觉**。我们大多数人在内心深处知道什么事情是对的。

2. **寻求支持**。他人的帮助可以让你更快、更容易地做到原谅。

3. **将事件分解细化**。从每件小事、每个人身上进行分析。把大的烦恼细分成那个人做的每一件小事。如果你需要原谅的是一个机构，那么写下所有代表该机构的人做的事情。你只要想到其中一件，其他事情就会一一浮现在你的脑海里。

4. **想想早期的事件**。在你的记忆中找寻过往类似的经历。想想最早的类似的人或事，以及你是如何处理的。充分感受生活之美，可以加深我们对家庭和文化本源的理解与原谅。

5. **保持谦卑**。谦卑可以给我们带来同情心，并让我们试着站在别人的角度去理解事情。它可以让我们的压力反应系统放松下来，也可以让我们远离本能的防御机制，因为我们的防御系统会驱使我们去责备和攻击他人来获得安全感。

6. **发挥你的想象力**。真正去理解你要原谅的对象的世界观，站在他们的角度上理解事情。

7. **寻求自我原谅**。当你可以原谅自己的时候，原谅才算完满。因为你不会为了保护自己或让自己感觉更好而把烦恼强加于他人。

进行强效原谅的原则

1. 一个非常简单的心灵方面的原则，能让你获得治愈的体验：你的想法不会同时向相反的两个方向发展，怨恨、内疚、恐惧在心里与爱、愉悦、平和相反。直到你愿意放下这些怨恨、内疚和恐惧，你才能获得你想要的深度改变。

2. 强效原谅的目标是“放下一切”，包括与任何人相关的所有怨恨与烦恼，这是一个人在精神上、心理上、情绪上和身体上能够充分发挥生活潜力的核心。

3. 意愿是至关重要的，它是承诺践行原谅的开始。有时候，一个人需要控制对原谅的抗拒和反对，确保那些关于原谅的谬论不会成为障碍。

4. 让自己处于一个舒适的、没有威胁的环境中进行原谅疗愈。当我们感到安全的时候，大脑会发挥它最大的潜力。

5. 冷静下来，停止你的压力反应。我们是思想、身体和精神的复杂混合体，而不只是一种原始的应激反应。人们常常把这些反应误认为是自己的常态，但这并不是我们自己！

6. 原谅是一种心灵的运动，它能让我们更富有同情心和爱。对自己和他人表现出善意或做出友善的行为可以带来治愈和转变，原谅就是通过这种方式获得力量的。

7. 寻找烦恼的隐喻或其深层的象征意义。头脑在工作的时候使用了各种隐喻和符号。在观察困难的情况和人的时候，找出其如何象征着你生活中其他类似的东西。比如，一个老板给你的感觉可能在某些方面很像你的父亲。

8. 自我原谅可以减轻罪恶感、羞耻感和责备的欲望。在我们的疗愈过程中，原谅自己和原谅别人一样重要。内疚和羞耻感无法使我们过上充实、幸福的生活。

9. 了解你的价值观，并提防妄下判断。当别人不遵守我们的道德准则、价值观和规则时，我们会谴责他们。内疚和羞耻感源于我们没有遵守自己的最高道德准则、价值观和规则。

10. 原谅是从不同角度重新审视我们自己和他人。**对我们评判他人和自我的标准进行重新评估，这是一种持续的原谅实践。**

11. 我们对外部世界的反应代表了我们的内心世界。当你熟悉这项工作时，你会认识到，你看到的外部世界是你内心世界的反映。这就是为什么探索心理投射如此重要。通常，你眼中别人向你展示的都是与你自己、你的判断和规则相关的东西。当你明白这些时，所有的原谅都变成了自我原谅。

12. 爱是关键。爱是给予。

做好准备

1. 准备好一支笔和足够的白纸。

2. 给自己充足的、不受干扰的时间来完成这个过程。你需要至少 30 分钟到 2 小时这样整块的时间，甚至更长。在我的实践过程中，我曾连续工作了好几个小时。

3. 可以吃东西，但不要让食物分散你的注意力。当你在处理困难的时候，你会有一种想要逃避的冲动。克制自己对食物、香烟或咖啡因的渴望。有时候，分散注意力的欲望也是在暗示我们那些阻碍原谅的自我防御机制的存在。

4. 跟他人合作。一组人一起努力进行强效原谅会获得更好的效果。

5. 不要摄入违禁药物和酒精。虽然这些看似可以暂时消除压力带来的后果，但在任何一种内心疗愈中，它们都会阻止我们进行更深入的分析。

6. 冥想，静修，放松。先从简单的开始做起。

曾经有人说过：“除非你对自己关于原生家庭的信念进行纠正，否则你将不能在心灵道路上走得更远。”

纠正也就是让错误的事变成正确的。如果我没有纠正，又回到过去的方式，我就不会重新获得这种经历。

我有一次被问道："如果你知道你过得不太好，但又想不出你身上发生了什么具体不好的事情，你会怎么做？"我建议他把世界上让他心烦意乱的事情列个清单。当他把烦恼都写下来的时候，他也豁然发现了那些曾经被遗忘的事情。你必须准备好并愿意去处理你内心发生的事情，这样才能有效地原谅别人。

基础知识复习

1. 通过来自最高愿景的激励，保持强大的动力。

2. 写下你现阶段的状态，或者关于某一特定方面的情况。这一条可能是你最常用的工具。写下你所有的不安、内疚和怨恨，这将为你的强效原谅治疗提供原材料。

3. 不要试图先处理最困难的问题。除此之外，看看你愿意先进行哪一方面，然后尽可能地放松。这会给你带来进行下一步工作的良好状态和能量。

4. 一旦你解决了一些主要的烦恼，并且能够释怀，你就会发现你有了更多的精力，这会让你很快地过完你的清单。在所有这些工作中，你会重新获得那些被束缚在不可原谅的"囚笼"中的情感和精神能量。

5. 每次进行原谅，你都需要感觉内心的变化。当你在脑海中回想每一个被原谅的人时，你要注意自己身体上的紧张和心理上的压力。当你的自我感觉很棒时，你会马上知道你已经原谅了清单上的很多人；对于清单上还不能原谅的对象，你则会感到有更多的事情需要去做。随着你的进步，你将会更容易地完成原谅，你会得到快乐、平和或充满爱的结果。

6. 有了真正的原谅，就不会再有仇恨。你会对脑海中的人有一个中立或积极的印象。当你想起每个要原谅的人都感到轻松、快乐、平和时，你就不会为自己留下任何烦恼了。

7. 对清单上的每个人或每种情况都要采用同样的方式来原谅。

8. 有时候，仅仅是承认你对别人也做过类似的事情，就会让你感到释然。

9. 当你感到被困住时，你可以使用以上的秘诀。

10. 尽你所能把烦恼分解到最小。

11. 随着不断练习，你会发现这个过程进行得更快了。你会更容易地去原谅，但仍然会得到同样的快乐、平和或爱的感受，有时甚至更多。最后，如果你完成了整个强效原谅治疗，你只要想到那个人就会原谅他，因为你重新获得了个人的力量和爱的勇气。

第十五章

强效原谅疗法

强效原谅疗法有三个步骤：

步骤一：直面生活中不能原谅的事情。

步骤二：处理具体的事件。

步骤三：意识到自己的转变。

在步骤一中，你要看到生活中所有不可原谅的人和事。你要把这些都逐条写下来，而不是把它们放在心底慢慢溃烂。

在步骤二中，你需要每次去处理一个人或一个特定的事件。这一步骤将运用关于原谅的基础知识，这些我们在第二章已经介绍过了。当你原谅了所有人时，生活中没有了烦恼，内心也会发生转变，这就是步骤三需要做的。

如果你刚刚开始尝试强效原谅疗愈，我不建议你一次性写下所有伤痛，除非你正在进行静修，或一个有高强度指导和密切监督的常规活动，这样你就可以专注于疗愈的过程，而不会被所有伤痛与不安扰乱了心思。

如果你已经读完了这本书，并且在放下伤痛或做好准备方面取得了一些成效，那么你可以把所有伤痛都写下来。但是，你必须马上继续原谅的进程，不要停留和等待。

如果你对这个过程感到不舒服，那就先找一个让你感到心烦意乱，但并不是最令你痛苦的人，然后原谅他的行为。放心，你会去处理那个最该被“审判”的人，但不是现在。熟悉这个过程，并争取在第一时间就取得一些成功。

步骤一：直面生活中不能原谅的事情

写下那些让你心怀怨念、憎恨、愤怒、恐惧或负面评判的人、组织、事件或地方。你可能会发现，许多负面行为都与同一个人或同一个事件有关。在这个阶段，你只是简单地写下你想要处理的情况。（如果有些事情实在过于痛苦，你可以等到对这个过程更有信心的时候再去处理它们。现在，尽你所能地去原谅。原谅会给你带来能量，让你能够面对更多令人沮丧的情况。）

这一步的主要问题是：

1. 是谁或什么事让我感到不安？

2. 每个人都做了些什么事情？

3. 当你把这些事件分解成最简单的部分之后，分别处理每一个小的部分，直到你把它们都处理好。

注意：要将他们的行为分解细化，确保你把每一种行为都分解成很小的部分。一件事情甚至可以分解为20种不同的情况去原谅。同样，一个人在一项重大事件中可能犯下了20种不同的过错。在你处理其他人之前，先处理这个人所做的每一件错事。分别原谅这20种不同的行为要比试图一次性全部原谅容易得多。

下面这些问题有助于我们更深入地了解这一步的前两个问题。

1. 看看我的家，这里有什么东西需要我去释放？

2. 原谅哪个人对我来说是有困难的？

3. 有哪些事情是我需要去原谅自己的？

4. 有没有什么是我缺乏足够的力量或意愿去释怀和原谅的？

5. 是否存在一些完全不可原谅的行为？

6. 是否有哪些情况使我经常性地做出消极的反应？

7. 目前，在哪些情况下我没有被公平对待？

你写的内容只要能碰触到你的记忆就可以了，一个句子或一个短语足矣。这些是给你自己看的，而不是给别人看的。我自己写了足足30页的内容，但每一条都只有一行。这些东西并不好笑，它们都需要被记录下来。

重要的是，你需要把你所有的不安和伤痛都写下来。如果你想一口气全部做完，就意味着你可能要一直处于激动和不安的情绪当中。这完成起来可能会非常困难。我想去感受自己所有作为受害者的情绪，并把它们都写在纸上，这样我就可以完全地释放出来。可以把你的人生经历划分为几个阶段，按这个顺序去写对你来说可能会更容易一些。

当你把你的不安和伤痛都写下来并将其分解之后，下一步就是选择首先去处理哪件事情。因为处理伤痛的过程可能是一下子难以承受的，所以我会建议先去处理较小的烦恼。当然，也有些人喜欢先从困难的事情下手。我们每个人都有自己不同的风格，感到舒适的程度也不同。一旦你选择了要先做什么，试着坐下来一次性把问题解决掉，直到你能够原谅为止。每次至少进行 1 小时。当我和别人一起工作时，我喜欢一次性连续进行几个小时。具体需要进行多久，取决于你以及与你一起工作的人。

记住，有关重点和诀窍的部分需要复习。

步骤二：处理具体的事件

第一阶段——开始阶段——揭开一段伤痛

这是处理不安和伤痛的初步阶段，我们在本书的第二章到第十章已经讨论过了，第十一章的结尾处有一个全面的总结。有了前面几章讲到的知识，你可以很快完成这个开始阶段。

请注意，这整个第一阶段可以在瞬间发生。一旦你理解了每一个步骤，它就变成了一张表，你可以用它来检查，确保每一步都被涵盖。

以下是对第一阶段的总结（请参见第十一章，以获得更深入的了解）：

1. 做出感觉正确的选择。

将伤痛分解细化，并选择其中一项。

2. 看看你的意愿。

确保你有意愿去面对这些伤痛。

3. 专注于那些激励你去原谅的事情。

你的动力越强，你就越可能成功。

4. 有效地处理情绪。

当你回想每一段伤痛时，是否有其他情绪隐藏在表面之下，或混杂在主要的情绪之中，比如绝望、羞愧或内疚？那个时候，你会害怕发生什么事情？

5. 找到你的需求和被亏欠的东西。

弄明白伤害你的人亏欠了你什么是最基础的，同时还要搞清楚现实中你的需求。

关于需求、欲望和他人对你的亏欠的总结，请参见本书第三章。

6. 看看对这段伤痛耿耿于怀都造成了哪些真实的后果。

（1）紧紧抓住伤痛不放，你得到了哪些好处？

（2）不愿放下又产生了哪些不良后果呢？

7. 处理原谅中的抗拒态度和心理投射。

确认你的思维中不存在"关于原谅的误区"。如果需要，请回到第四章"关于原谅的误区"那个部分，确保它们没有对你造成阻碍。

8. 试试能否做到原谅。

（1）现在你是否能够原谅你自己了？

（2）虽然那些伤害你的人可能不配得到你的原谅，但你是否可以出于同情而原谅他们以及你自己呢？

让第一阶段进行得更加深入

步骤二的第一阶段只是处理了原谅中最基本的东西。通过上述八个步骤，很多人已经能够感到一些解脱。这些步骤与本书前几个章节的内容相对应。

通过下面这几个步骤，你可以让疗愈的过程进行得更加彻底：

1. 对事件进行更为深入的分析。

2. 改变我们看那个人的视角。

3. 看看我们的心理机制，寻找那些被隐藏起来的、造成我们伤痛的真实原因。

4. 找到事件中积极的一面。

5. 进行自我原谅。

请继续坚持这么做，直到你将所有的伤痛都处理好。

第二阶段——理解阶段——扩大理解和同情

当你在进行原谅疗愈的时候，理解是一把打开我们的情感和一颗封闭的心的钥匙。当你在第一阶段开始了解自己的不安和伤痛之后，就进入第二阶段，你需要重新回顾那些有助于你加深对他人、对自己理解和同情的方法与指导。以下任何一种“技巧”都能帮助你做到原谅。照着你列的清单继续努力，直到你感觉到转变成功。

通过了解大脑是如何工作的以及我们是如何使用它的，来进行原谅疗愈的学生们能够对我们的人性产生同情。同情心能够平息我们情绪中愤怒和怨念的火焰。

在人类成长发育的过程中，边缘系统（情绪脑）的发育是先于新皮层（理智脑）的。甚至是到了青少年时期，我们大脑中与理智有关的神经细胞也没有发育完全。由于主管情绪的边缘系统的发育较早，我们的情绪很有可能会关闭大脑中逻辑思维的部分。然而，我们从心理学和大脑研究中了解到，对不安和伤痛进行逻辑分析可以帮助减轻情绪上的不安。这是因为大脑的线性思维和分析的部分，也就是左侧前额叶皮层，可以协调我们的情绪脑。

增加理解和同情的方法

我们可以通过许多途径加深对彼此的了解，这通常会改变我们看问题的角度。无论是和朋友、原谅方面的心理咨询师还是治疗师，改变视角的确是一门咨询的艺术。通过下面介绍的方法，你将成为自己原谅道路上的推动者。不过，我还是建议你与熟悉这项工作的人一起进行疗愈，这样他就可以帮助你完成这个过程，你也不需要在作为咨询者的同时又充当推动者。

以下这些是你在这本书中反复读到的有用的技巧，它们可以帮助你加深对伤痛、对他人和对自己的了解。

技巧 1——寻找你的行为规范

在我们对正义的讨论中，我们知道了解自己的原则、价值观和行为规范是非常有必要的。

1. 那个伤害你的人或你自己，违反了你心中的哪条原则？

2. 你哪方面的价值观出现了问题，或被忽略了？

3. 还有哪些规则被打破了？

现在，针对每一条特定的原则、价值观和行为规范去提问：

1. 尽管我们认为别人应当去观察我们的原则、价值观和行为规范，但是根据这个人的人生经验，我的期待能实现吗？

2. 我是否能够一直遵守自己的这些原则、价值观和行为规范呢？

3. 我是否对他人或自己做过违背自己的原则、价值观和行为规范的事情呢？

技巧 2——改变你的视角

当你能够改变自己看待这个人或此人处境的方式时，你便可以开始把这个人与他的行为区分开。正如特里·哈格瑞夫博士（Dr. Terry Hargrave）指出的："当你作为一个受害者，能够开始理解施害者的局限性时，你也就能够开始认识他的人性了。"

有时候，为了充分转换我们的视角，我们需要开启宏观视角。在看似不可原谅的情况下，我们必须为了自己坚持我们的最高愿景。这样，我们就能完成必要的视角转变，进而放下不安和伤痛。

问问你自己："你是否相信有不同于我们的视角存在？"刚开始的时候，只要出现了愿意了解其他观点与视角的意愿就非常了不起了。**我们对正确、正义的追求通常超越了我们对真相的追求，也因此遮蔽了我们的视线，使我们无法看到他人的视角和观点。**

我有一个学生在课堂上向全班激烈地抱怨，一个建筑承包商欺骗了他，给他的家庭带来了麻烦。从他的角度来看，他是对的，我也认为承包商做得不太地道。然而，当我从他眼中看到很多愤怒的时候，我知道，如果一个人想真正改善自己的情绪，想治愈自己，那么与追求正确相比，一定还有更多东西值得关注。

直到这个学生完成了那门课的论文，他才明白那名承包商其实也浪费了自己的时间和金钱。这种对整体情况的看法的改变，尤其是对对方观点的转变，改善了他的感受。这种看法的改变并不是为了证明发生的事情是正当、正确的，但确实使这个学生理解了承包商的所作所为。

一、站在他人的立场上

在日记中，你可以从施害者的角度写下与此事相关的情况。利用你对他们的背景和之前生活经历的了解，写下他们眼中的故事版本，试着理解站在他们的立场上是什么感觉。这可能很难做到，尤其是在极其伤痛的情况下。

如果你感到阻力很大，可以利用冥想和祈祷来完成这些练习。把这些让你感到困扰的地方都记录在你的日记中。

1. 写下你认为这个人赖以生存的道德准则。这些准则应该对他们在这种情况下的行为产生了一定影响。

2. 写下你认为他们害怕和希望的、喜欢和不喜欢的事情。

3. 他们是如何在自己的家庭里长大的？

4. 他们的文化或时代又是什么样子的？

5. 他们有哪些问题？

6. 他们的情商如何？

7. 他们对你和他人有着怎样的期待？

如果你没有掌握关于这个人的足够的信息，无法进行这个练习，那么去问问可能知道的人。比方说，露西的姑姑告诉她，当她的父亲还是个孩子的时候，他曾受到他的父亲也就是露西祖父的恶毒对待。听了这件事之后，露西原谅了她的父亲。

当你从他们的角度写下事情的情况时，你要注意自己情绪感受上的变化，也要注意你对情况的理解发生了怎样的改变。如果你也经历了同样的事情，你会有怎样的体会？把这方面的见解也写下来。当你熟悉了这个过程后，就不需要花太长的时间。

二、事情的全局是怎样的？

1. 这件事情的发展是否符合你的理解或预期？把你的想法写下来。

2. 这个人进入你的生活，是不是就为了教会你重要的一课？

三、其他与改变观念有关的问题

1. 看待这件事情是否还有其他的方式？

2. 你是否能聆听那些从不同角度出发的人们的意见？

3. 你是否可以向他人寻求帮助？

4. 一个公正客观的旁观者会怎样看待这件事情？

5. 你是否遗漏了什么？你是否忽略了一些可能导致不好结果的事情？

6. 你是否给自己强加了一些本不属于自己的东西？

7. 你充满仇恨、耿耿于怀，是否出于对某人的忠诚？

为了掌握这个技巧：

1. 请确保你把施害者认为自己的行为是正确或正当的所有可能的角度都写下来。

2. 在这个阶段，请确保你对自己视角和情绪上的转变给予了足够的关注。

技巧 3——直面你的心理防御机制

既然你已经尝试过从你认为的施暴方的角度来看待这个情况，那么现在是时候进行更深一步的了解了。

记住，捍卫我们的善良和正义是我们大脑中固有的模式。因此，正如我在第十一章中讨论的那样，我们会经常把自己所犯的错误从我们的大脑中移出，再转移到别人的身上。然后，我们会否认那些错误的行为是自己做的。这时，我们保护自己的一种方式就是感到受伤害或愤愤不平。通过把所发生之事的责任都归咎于他人，我们似乎维护了理想中的自我形象。但我们需要勇气去思考并承认，我们对他人的指责可能源于投射这种心理防御机制——为了使自己免受犯错的煎熬。

如果你能看到自己曾做过和这件你正在处理的创伤事件很相似的事，原谅就会变得更容易一些，因为你让谦卑进入了你的视野，可以更容易做到理解和同情。就目前而言，我们对“自己也会犯错”的自我防御机制已经被解除。但是，如果针对该行为的自我原谅还没有完成，它就有可能再次出现，这也是为什么在这个疗愈过程中会有一个自我原谅的阶段。

下面这些问题可以帮你找到心理投射的迹象：

1. 一个公正客观的观察者会怎样看待这件事情？

2. 你是否给自己强加了一些本不属于自己的东西？

一些有关面对心理防御机制的总结性问题：

1. 通过问自己“一个公正客观的观察者会怎样看待这件事情？”使自己从这段伤痛中抽离。

2. 看看自己是否也做过类似的事情，它不一定同样严重，但可能与你经历伤痛时的处境类似。你不一定是对他人做了这件事，也可能是对自己。

3. 如果做过，那么问自己：

（1）我能否原谅这个和我做过同样事情的人？我能否原谅他打破了我心中不切实际的价值观、道德标准和行为规范？

（2）我能否原谅自己做过同样的事情？

到目前为止，你在处理这件事中已经做到：

1. 检查你在抓住伤痛、心怀怨恨这件事上是否负有一定责任。

2. 充分转换你的视角，让你能够看到施害者人性的一面。

3. 了解你不切实际的期待。

4. 找到那些无法落实的价值观和不切实际的规则。

5. 对他人的观点拥有更多的同情和理解。

技巧 4——努力让自己保持更加积极的态度

一、在事件中找到更深层的意义

原谅会提升你爱的能力，因为它需要你改变对世界的看法。有了这个新的视角，你就有可能通过原谅来找到事件中被释放出的更深层的意义。

问自己下面这些问题：

1. 这段痛苦的经历教会了我哪些关于自己、关于世界、关于他人的事情？

2. 从这段经历中，我得到了怎样的成长？

3. 关于爱与同情，通过这段经历我学到了哪些东西？

4. 我的价值观发生了怎样的变化？

二、珍惜你得到的——学会感恩

感恩是一种在任何时候都能发挥作用的、使人发生改变的强大方法。在原谅疗愈中，请承认他人对你有帮助。人们的观点不同，随之产生的可能性也会大相径庭。即使是一个反面教材，也能让你学到一些积极的东西。比如，罗恩曾经加入了一个非常可怕的邪教团体，邪教团体的头目们对爱的概念持完全反对的态度。看到人们在这个可怕的邪教团体中是如何残忍地对待彼此的，他决定在生活中尽可能地充满爱与善意，并以此作为生活的目标。

当你感谢那些给你上了人生重要一课的人时，你就把爱——最好的治疗师——送给了他人。神奇的是，当你把爱给予他人时，这种爱也会治愈你。

感恩让原谅变得更容易。我知道有一种非常强大的沉思方法，就是问自己："这件事对我来说有哪些值得感恩的地方？"一遍又一遍地问自己这个问题，直到感恩出现在你心中。我曾看到，当人们刚开始这样自问时，似乎心里还没有什么值得感激的，他们必须在脑海中寻找任何值得感激的东西。最后他们会意识到，正是因为发生了这种伤害，他们开始对很多事情心存感激。

三、给予爱

你能想象自己拥抱那些你想要原谅的人，不管发生什么你都会爱他们，像母亲或父亲对待孩子那样对待他们吗？你也许不会认可他们，但仍然可以爱他们。虽然你可能仍然不同意他们的做法，但是至少不会对他们充满愤怒或怨恨。

请记住：当你在任何时候进行这项疗愈时，你都可能会感受到自己内心的转变。这可能就是你所需要的全部变化。你会惊讶地发现，一个小小的视角变化能带来多么大的改变！

如果你能够原谅了，那么就可以开始处理从这件事中分解出来的下一个小的事项了。如果对现在正在进行的这个部分，还无法做到原谅，那就看看这个部分是否还能再分解细化成更小的部分，然后对这个新分解出的部分进行步骤二第一阶段的疗愈，或者重新更深入地分析。提出问题如下：

1. 在我过去的经历中，哪些事情会让我想起这种伤痛？

2. 在我之前的人生经历中，是否发生过与此类似的事情？

3. 为了做到原谅，我需要放下过去发生的哪些事情，包括我的原生家庭吗？

然后回到之前，对这个新的部分进行理解阶段的步骤。

如果没有什么变化，那就从第一阶段中再选一件事情进行处理，完成之后再重新回到这件事上。

你需要记住：

一、如果你并没有感到释然，问自己：

1. 是否还有别的方式来分析这个情况？

2. 我能否向他人寻求帮助？有哪些人可能持不同的观点，我可以和他们聊一聊？

二、保持安静，让本能的力量给予你帮助。把问题交出去，听从内心的指引。对神圣的爱充满信念，你已经尽了自己最大的努力。也可以想想，是否还有看待问题的其他全新角度。

继续讲步骤二：处理具体的事件

第三阶段——实现阶段

在你处理那个伤害你的人的过程中，你会感觉到自己观点和态度的转变。当这种情况发生时，花点时间感受内心的变化，然后再想想那个人，看看自己心里是否还存在怨恨或伤痛。如果有，那就回到你在理解阶段停下的地方。

当你可以原谅一个人或他所做的某件事时，你就完成了初期目标。有时候，你可以很快地进行原谅方面的疗愈，甚至可能在几分钟之内就完成了所有阶段。只要你对每个人的不恰当行为都发生了明确的情绪转变，这就没问题。最终，只要你继续努力原谅他所有的伤害行为，你就会完全彻底地原谅这个人。

当你觉得已经可以原谅某件特定的事时，就可以进入下一阶段了。

实现阶段的最终结果

在原谅疗愈的过程中，通过这些技巧来增强你的理解和同情之后，你将:

1. 对那件事或那个人，转变为积极的态度。

2. 原谅了那个人。

一旦产生了这些结果，你就可以进入自我原谅的阶段，完成对某种伤痛的原谅疗愈。

第四阶段——获得自我原谅

因为你看到的世界反映了你的思想，所以你能够认清你处理的事情其实只关乎你自己，这是非常有用的一点。要想做到永久而彻底的原谅，你需要处理好该阶段的第二步，那就是原谅你自己做过的类似行为。

正因为这个阶段是如此重要，所以我在这本书里反复强调。

这个阶段的第一步是认清个人责任。此时，你需要看看这个人在你刚刚原谅的情况里做了什么，这是否与你有关。下面这些问题可能会对你有所帮助：

1. 这种不可原谅的情况是否反映了我的某些方面？

2. 我对别人做过类似的事情吗？对我自己呢？（事情的严重程度可能不一样，但有相似之处吗？）

注意：如果没有自我原谅，你很可能会以其他方式继续对别人感到烦恼。

第二步是原谅自己可能对他人或自己做出的类似行为。

我并不知道怎样才能让你获得自我原谅。许多人到最后还是决定放下他们一直背负的重担。彼得做完手术后对我说：“我发现我这么多年忍受的痛苦已经够多了。那种痛苦就是我做出的补偿。我告诉自己要适可而止了，于是就放下了我在每件事情上的烦恼。当我这样做的时候，我对自己更多的是同情，我可以看到我是如何折磨自己的。每一个原谅的举动都是我内心的一种解脱。”

下面是与自我原谅有关的问题。在疗愈中你可以问自己以下问题：

1. 我愿意像原谅别人那样原谅自己同样的行为吗？
2. 我能原谅自己对他人的侵害吗？
3. 我对自己的行为感到内疚吗？需要原谅自己吗？
4. 我要怎样才能原谅自己呢？需要向谁赔罪吗？

当你觉得你原谅了自己时，会自然地进入下一个阶段来结束这段烦恼。

第五阶段——治愈阶段——感恩

随着原谅了一件烦恼的事情，你原谅了别人，也原谅了你自己。你可以在高强度的原谅过程中得到休息，然后自然而然地开始感恩。在这个阶段，你要看看你学到了什么，以及它是如何帮助你的。

在你的生活中是否因为有了这个人的存在，而让你有所收获？在这里，你会感激自己在生活中获得的成就，并改变你对那个人的看法。感恩阶段的辅助问题有：

1. 在这种情况下，你有什么要感激的？
2. 它教会了你什么？
3. 它是否影响了你的生活，使你变得更强大、更有能力、更成功？
4. 你学到了什么？
5. 他们是如何帮助你的？
6. 他们如何帮助了别人？
7. 他们如何影响你的生活并产生了积极的变化？

当你原谅了这件事，也原谅了你自己时，你就能成功地完成对这段烦恼的原谅了。你不会感到仇恨，而是会对对方有一种慈爱的感觉。

在没有威胁的情况下，你甚至可能想对这个人表示赞赏。例如，当玛丽·卢（Mary Lou）处理与导师之间的不快时，她给导师写了一封感谢信，感谢导师多年来给予她的帮助。

以下任何一种表达感谢的方式都是合适的：

1. 写感谢信。

2. 送花。

3. 写信表示认可对方。

4. 当面感谢对方。

你甚至可能有和解的愿望。现在，继续进行这个疗愈过程，进入这一步的下一个部分——清理下一个烦恼。

这个治愈阶段的第二部分就是处理另一个困扰你的烦恼。若想成功地原谅那个人和你自己，你还要经历同样的过程，再次抵达治愈的阶段，直到最后没有什么可以原谅的了。重复这些步骤，直到你放下一切。

当你放下了所有烦恼时，你就会出现一种许久未见的平静、爱和喜悦的感受，这将带你进入下一个步骤。

步骤三：意识到自己的转变

起初，你可能没有注意到生活中发生的所有变化。有些变化很微妙，有些则会很明显。它们不仅会影响你，还会感染你周围的人。这是一种让我们放下内心烦恼，进入内心深处的过程。

这种转换允许你以不同以往的方式来看事情，并更有效地发挥你的能力。原谅并不是最终的生活过程，但它确实能让你更容易地放下烦恼，并让你更快地恢复。

更简短、更原始的强效原谅疗法

当你发现事情进展很快，而且你也了解你的目标，看到在你的生活中可以实现目标的时候，那么你可以试一试这个简化版的强效原谅疗法。

如果你不能从下面的步骤中感受到快乐和获得更多能量的话，那么还是继续使用本章所述的完整治疗流程。

但是只有在完成了下面两件事之后才能再开始这一流程：

1. 找出生活中所有让你烦恼的人和事，然后把它们都写下来。
2. 找一个你想原谅的人来原谅。

面对每一件他人对你造成伤害的事，你都要问自己：

1. 我对他们的所作所为有什么感觉？
2. 我害怕什么？
3. 他们违背了我的哪些价值观、规则或道德准则？
4. 我是否对他们或我自己抱有不切实际的期待，希望他们或我自己能够严格遵守自己的价值观、规则或道德准则？
5. 我对别人或自己做过同样的事吗？
6. 我能原谅跟我做了同样事情的人吗？如果他们打破了我那些不现实的价值观、规则或道德准则，我能原谅他们吗？
7. 我能原谅自己曾做过同样的事吗？（这是重要的一步。）
8. 他们做过的让我觉得感激的事情是什么？

然后再找一件你愿意处理的事情，重复问自己以上问题。

“如果我们能了解敌人不为人知的过去，我们会发现每个人的生活中都充满了悲伤和痛苦，这足以消除所有敌意。”

亨利·沃兹沃思·朗费罗（Henry Wadsworth Longfellow），

美国诗人，*1807—1882*

PART.05

第五部分 疗愈之后

这个部分主要介绍如何保持并加强原谅疗愈的积极效果。

· 继续治愈

· 最终结果

第十六章

继续治愈

在深层的改变之后

我所说的改变是一种精神上的重生。通过它，生命的潜能向我们敞开了大门，更深层次的灵性往往是显而易见的。赫伯特·本森博士有一本关于这种高峰体验效应的优秀著作，叫作《爆发原理》（*The Break-out Principle*）。

当你完成了原谅的工作时，你会发现你生活的很多方面都有了改善。其中包括：

1. 从情感的监狱中得到解放。
2. 从心而活。
3. 为你的生活寻求更深层的意义。

如果没有一种方法可以引导这种快乐、爱和生命的深度，那么人们的生活就可能出现关于意义的危机。对世界产生积极的影响能使我们感到满足。比如，人们在公共活动中往往很积极，他们会参与一些活动来为改善社区出一份力。作为社会的一员，我们需要感觉到我们正在朝着一个不仅对自己，而且对整个社会甚至整个国家都有意义的方向前进。

从情感的监狱中得到解放

如果你的内心工作做到了这种程度，你就已经释放了过去那些把你当作人质的伤痛。一旦你释放了它们，你就把自己从破坏性的循环中解放了出来。从这些创伤中解脱，会给你带回充足的积极情绪能量。

当你把自己从怨恨的情感监狱中释放出来时，快乐就会自然而然地产生。快乐是你最好的路标，指引你认清真实的自己，让你活得更加真实。

“在任何情况下，爱都是胜利者。爱打破了思想的铁栅栏，打破了物质信仰的高墙，割断了思想强加于人的枷锁，使被束缚的人获得自由。”

欧内斯特·赫尔姆斯（Ernest Holmes），作家及灵性导师

从心而活

任何由怨恨引起的行为都会让你远离成长、爱和快乐，还会奴役你。奴役有时可能会伪装成为他人服务的态度，但不同之处在于，奴役背后隐

藏的心理动机其实是因被囚困而感到怨恨，而真正为他人服务则会带来正能量和爱。

原谅，尤其是作为一种经常性的行为时，可以让你发自内心地生活在快乐与平和中。无论是在你的工作还是亲密关系中，都要留意你的心理活动。为了让生活中充满爱，我们需要用一种方式来释放无法避免的消极情绪。

为你的生活寻求更深层的意义

原谅会增强你去爱的能力，改变你对世界、对自己和对他人的看法。有了这个新的视角，你会发现那些发生在你身上的事情，让生活有了更深层的意义。你甚至可以用更宏观的视角来看待你的生活，而不是以前那种狭隘的以自我为中心的视角。

关于这种宏观视角的体验，有一个例子是一个地方警察做的梦，这件事让我产生了很大触动。杰克在执法部门工作了20年，他一直过着超高强度的生活。一天晚上他梦到自己在冲浪，这是他最喜欢的运动。当他迎着一个大浪冲下去的时候，有一个声音对他说："就是这样了！"他在梦中明白这意味着他生命的结束，于是他回答说："好吧，我这一生过得很好，非常感谢你。我把这一生过得非常充实。谢谢你！"在梦中，杰克感受到生命无论如何都是圆满的。

当我把这个故事讲给别人听时，他们和杰克一样流露出了感激之情。他们对自己生活的感受得到了改善，对他们所经历的一切以及他们是什么样的人都感觉更好了。

和解的可能性

和解如果发生在一段关系中，会给你一种被赐福的感觉，但原谅并不总能为我们带来和解。让你产生积怨的人可能已经去世了，不再出现在你的生活中，或者干脆和你断绝了一切联系。在这种情况下，和解是不可能发生的，但原谅并不取决于和解。**不管你是否与那个人和解，你都可以放下你的烦恼**。

当你原谅了别人之后，如果想寻求和解，我建议你读一读以下几本书：

1. 弗雷德·鲁斯金博士所著的《为爱原谅：健康和长久关系的失落元素》；

2. 沃辛顿博士所著的《原谅与和解：为希望与全面发展的桥梁》（*Forgiving and Reconciling*：*Bridges to Wholeness and Hope*）。

和解除了能帮助你改善感受，有时候也可以为你所原谅的人带来益处。柯克和内特在达成一项财务方面的协议之后，由于柯克没有遵守协议，造成了内特的损失。然而，内特原谅了柯克，让这件事过去了，但再也没跟他有任何往来。后来，一位朋友告诉内特，柯克被这种情况搞得心力交瘁，后悔失去了他这个朋友。内特打电话给柯克，为没有保持联系而道歉。然后柯克说："这 6 个月我感觉自己被困住了。我无法继续我的生活，也无法改变任何事情。我感到非常抱歉。"对内特来说，当他原谅柯克时，事情就结束了。而对柯克来说，他们的和解是很重要的。内特后来说："如果我不想和解，柯克就不会回到我的生命中来丰富我的生活，他会一直为失去我们的友谊而痛苦，我也会感受到失去朋友的痛苦。"

这种释放与和解的能力不仅仅存在于人类的关系中。在《自然冲突解决》（*Natural Conflict Resolution*）一书中，菲利波·奥瑞利（Filippo Aureli）和弗兰斯·德瓦尔（Frans de Waal）记录了至少 27 种灵长类动物、宽吻海豚以及山羊之间的和解行为。

我们可以试着理解日本"生长之家"所宣扬的理想，其创始人谷口雅春说过："真正的和解是不能靠忍耐彼此或容忍彼此来实现的。忍耐和容忍并不能让你们从心底获得和解。但是当你们彼此感激对方时，真正的和解就实现了。”

这也适用于自我原谅。从更深入的层面来讲，我们在谈论的实际上是与生命本身的和解。我们要对生命中的每件事和每个人心怀感激。当我能以感激的眼光看待处境或人时，就会实现和解。这样，我就能更容易地对我遇到的问题提出有效的解决办法。

做有意义的道歉

当我们看到原谅的重要性时，就会有帮助别人去原谅的愿望，尤其是当我们伤害了别人时。道歉是一个特别有效的获取原谅的方式。在这个问题上，我们可以读读贝弗莉·恩格尔的这本《道歉的力量》。

坚持定期练习

经常练习原谅是保持你的成功的最有效的方法，也能让你很快地摆脱烦恼。虽然你可能会对某些事情感到格外沮丧，但你能够更容易地恢复平衡与内心的平静，更轻松地处理烦恼。

我发现保持规律练习的最好方法是在晚上进行反思。在每天即将结束的时候，试着原谅当天发生的不愉快。

1. 在精神上回顾你的一天，清理那些让你无法释怀的烦恼。
2. 释放它们。

如果你发现自己有重复出现的烦恼，你可以确信原谅是很有必要的。

再次原谅

当你已经摆脱了所有你现在能想到的烦恼时，并不意味着不会出现更多的烦恼。你现在有了解决它们的办法。如果你保持定期的原谅练习，你就不会被可能发生的事情击垮。

如果你认为你已经原谅了的某个重大情况再次出现了，你就知道还有更多的工作要去做。当你仔细审视那件事时，你会发现目前出现的情况是事情的另一个面。同样，你以为你已经原谅的人也可能会再次对你造成困扰，因为你之前并没有原谅他们的另一个面。

请注意：处理烦恼并不保证烦恼不会再次出现，因为我们的防御机制和大脑的应激反应仍然存在。有时我们忘记了自己的最大潜能；有时我们会无意识地做出一些反应，并为此感到惊讶。但是你会发现，你能更快地理清事情，也更容易原谅别人。

幽默感

你可能会发现你更多是在嘲笑自己的反应，而不是谴责自己。伴随着笑声，原谅的方方面面都会到来。正如维克多・博奇（Victor Borge）所说："笑是两个人之间最短的距离。"

印度医生 M. 卡塔里亚博士（Dr. M. Kataria）开创了一种名为"笑声俱乐部"的新潮流。现在，由于"笑声俱乐部"揭示了笑可以带来巨大的力量，以及它对健康的积极功效，"笑声运动"已经成为一个全球性的现象，在 60 个国家拥有超过 6000 个俱乐部，给许多正经历着身体、精神和情感上的伤痛的人们，在生活中带来了笑声。他们甚至有专门表达原谅的笑声！

留心思想的旧习惯

即使你已经改变了你的思想，旧的大脑模式仍然可能会出现，毕竟你还是人类。应激反应还是会发生，但消散得也会更快。

在我完成转变后的第二天，我早上醒来时的反应和我几个月前一样："哦不，怎么又是一天！"然后我回过神来，想起前一天其实过得非常不可思议。我明白我的早起反应只是一个旧习惯，它很快就会消失。在接下来的几周内，我每天早上醒来时都还会有"哦不"那样的消极反应，但这些反应的强度在每日递减。到最后，我会嘲笑自己的这种反应。这种起床后的欢声笑语持续了好几年。

用积极的养料滋养自己

在部分思想体系和传统心理学中，都存在着如何处理烦恼这个问题。在心理学中，我们会分析正在发生的事情和过去发生的事情。通过这些，我们可以试着去改变我们现在的行为，或者更好地理解过去的事情。这方面的问题我们在这本书中已经聊了很多了。

从精神状态入手来处理这个问题是最有效的。在这个水平上，更容易发生改变。要达到这个层次，问题就变成了"你把注意力放在哪里？你的意识在哪里？"。这个方法让我们可以走向生命的积极面并接触更高的力量。这种心态的唯一问题是，如果内心处于混乱中就很难找到积极的一面。不可原谅的情况总是会继续制造混乱，直到你开始处理它们。

在原谅之后，我们如何找到积极的心态也是个问题。这是一个关于欲望的问题，能让我们更经常地感觉良好，找到更多大脑需要的东西。如果你想要平静，那就感受平静，变得更加平静。问题并不总是出在你的内心深处，而是你不断灌输的消极思想里。

吉恩是我的一个来访者，也是一名邪教组织的幸存者，他花了数年的时间从一个虐待性邪教的精神控制暴行中恢复了过来。他的脑海里每天都在重播那些烦恼、伤痛和背叛。“最终，我实在感到太抑郁了，我找不到再继续坚持下去的理由。”他向我如是吐露真言。在朋友们的帮助下，他开始放手，开始原谅。然而，这并不是他做的唯一一件事。他加入一个非常友爱的团体，他进行冥想，他经常读励志书籍，他不再看新闻和电视评论，他开始与对他有更积极的影响的人交往，他开始用更好的精神、灵魂和心灵食粮来滋养自己……最终，他的抑郁症消失了，并可以通过保持积极的心态来维系良好的感觉。

保持灵感

把阅读励志文章作为你每天练习的一部分，并与自己的最高愿景保持一致。多与志趣相投的人交往。

随着原谅之心在你的生活中活跃起来，你在精神上的理解也会加深。相反，那些不能原谅别人的人会让自己的生活充满恐惧和愤怒，建立起自我保护和防御机制。

所以现在就去找一些鼓舞人心的著作、团体或组织，通过它们帮助你继续原谅。

给予支持，帮助别人去原谅

保持宽容态度最有效的方法就是教会别人原谅。一些人还成立了强效原谅小组来帮助他人。这是我对地球变得更加和谐、和平的最初设想：每个人都能帮助他人去原谅，然后就这样传遍全世界。我们现在有了这样做的工具。

你可以在你所处的团体、社区或学校举办原谅研讨会。把这本书当作一个指南。

“如果一个人不能原谅人性的不完美，他就不能达到真正的精神高尚。因为所有的人，无论是否值得，都需要原谅。”

印纳雅 · 堪（Inayat Khan），*1882—1927*

第十七章

最终结果

原谅是一种包容的行为，是一种包容的爱。我们内心深处的快乐要超越刺激反应中的小小自我。在最高的精神层次上，我们都希望能保持正直。

总结陈述

无论是心理学领域还是一些思想体系，其实都不太了解原谅对心理和情感健康的作用。不断进行原谅可以改变精神面貌，让我们把精神健康掌握在自己的手中，获得比生存机制提供的更强大的潜力。

心理健康领域必须发生改变。虽然心理学有好的方法可以帮助一个人放下烦恼和改善人际关系，但我认为在我们的社会中，心理学在心灵和情感的健康方面并没有起到足够的作用，对原谅这个概念和放下的重要性也缺乏讨论。

为了我们社会和社区的健康，我们不能再允许对原谅的误解继续下去。我们承受不起精神健康状况的恶化和暴力行为的增加。世界上一些国家，尤其是美国的法律和监狱系统，主要是靠报复、冲突和惩罚，很少涉及调解和改造。这些都可以改变。我们可以开始在生活中通过原谅来改善自己的心理健康，限制对他人和自己的伤害。

正如我在本书中指出的那样，不承认原谅的价值的原因不仅来自心理学和部分思想体系之间的裂痕，也来自我们自己心灵上的裂痕，是我们最高级的真实自我与最基本的生存自我之间的分裂，这两者都是我们的一部分：一个赋予了我们最高的愿景和对和平、善良的追求；另一个通过看到问题和局限性来保护我们，但也让我们变得渺小、恐惧并寻求报复。

原谅提高了我们控制自己思想的能力，它指向我们内心的最高境界，带给我们前所未有的快乐、平和与爱。

原谅对我们的心理健康、情感健康和精神满足都至关重要。

最终结果

这么多年来，我遇到过一些人，他们不像许多人那样懂得原谅的重要性。这并不是说他们不宽容，恰恰相反，他们不与人发生矛盾。他们有一种内在的谦卑，当坏事发生时，他们不会冒犯他人，保持着对生活和灵性的热爱。这需要对旁人和自我有极大同情和理解的能力。我相信这种能力存在于我们每个人身上，因为我们每个人都能获得这种能力。

践行原谅的最终结果是加深我们与他人、与生活、与我们生命中的神圣存在间的联系。运用原谅的工具：

1. 我们可以拥有爱、平和与善良。

2. 我们可以做真实的自己，享受我们应得的快乐。

3. 我们可以与生命和爱的源泉建立一种相互了解的纽带。

原谅的愿景

1. 我们现在有足够的原谅方法来将我们的生活转变成充满爱、平和与快乐的生活。

2. 我们将充分相信原谅的好处，而不会怀疑原谅的力量。

3. 我们会选择快乐而不是正确。

4. 我们会选择在人际关系中充满爱，因为我们知道这比怨恨更加有益。

5. 我们将认识到，我们是第一个被原谅治愈的人。我们永远不知道它会如何影响别人。

6. 我们将明白，没有原谅就没有真正的和解。

7. 我们将教导我们的孩子如何原谅，并在成长过程中选择原谅，这样他们的生活中就会拥有更多的快乐和更少的冲突。

8. 我们的内心会允许与他人之间存在差异，而不会因为这些差异指责他人或自责。

9. 朋友之间会劝说对方去选择原谅，而不仅仅是指出事情有多么糟糕。

10. 个人和夫妻咨询将使用许多原谅的方法来帮助人们摆脱对自己和他人的伤害。

11. 学校会通过教授沟通技巧、原谅疗法、愤怒管理等课程来提高学生的社交能力，这样学生更容易想出创造性的双赢解决方案来化解冲突。

12. 成长团体不仅要普及原谅的重要性，还要教会人们如何去原谅。他们会举办原谅方面的强化课程和工作坊，让成员们得到思想和心灵的净化，甚至体验更深层的精神生活。

13. 世界各地的冲突解决项目都将定期使用原谅的方法，因为没有原谅带来的心灵上的变化，就没有真正的冲突解决。此外，原谅带来了倾听他人真实想法和诉求的能力。

14. 关于疗愈的会议将突出地把原谅作为一种有益健康的媒介，而不是仅把原谅一带而过。

15. 心理学将高举原谅的火炬，以它作为心理健康的前驱。

16. 所有心理学专业的学生将学习原谅疗愈。

17. 愤怒控制小组将把原谅当作一种有价值的治疗手段。

18.PTSD 患者将不再那么无助，因为自我原谅将成为疗愈过程的一部分。

19. 法学院和医学院的学生将把原谅作为一门常规课程来学习。

20. 法官将要求被告向原谅顾问寻求帮助。

21. 各个国家将确保他们的代表和最高级的谈判人员在他们自己的生活中也能做到原谅。

22. 各国将建立和推广属于自己的“真相与和解项目”，以实现种族、民族和思想文化之间的疗愈。

23. 原谅基金会将不再必要，因为学校、政府和家庭将承担起原谅的责任。

24. 不同文化和国家之间的和解将把我们带入一个非暴力、富有同情心的沟通和互动的新时代。

感谢你为培养原谅的能力而做出的努力。

致谢

没有人能独自写书，每一个在这本书的写作过程中帮助过我的人，对我来说都很重要。那句老套的“没有你就没有现在的这些”说的是真的。在创作这本书的过程中，我经历的种种改变都源于他们的支持。我很幸运有这样一群高层次、高水平的朋友，他们给我提供了极大的热情和鼓励，使我完成了这本书。

感谢安杰利斯·爱丽恩博士，她在我的心理治疗训练以及之后的阶段给予了无价的帮助。她在跨文化疗愈方面的影响引领我在 1993 年完成了自我原谅的转变过程。

感谢原谅疗愈的先驱弗雷德·鲁斯金博士。他肯定了我提出的“强效原谅疗法”的有效前提，并且多年来一直给予我很大的鼓励。

感谢萝拉莉·丹妮、罗伯特·威廉姆森、肯·莱本索德博士和迪·切赫为这本书的排版和最后的编辑所付出的努力，感谢金妮·沃德、凯特·格里菲斯和盖尔·雪莉对本书之前版本的编辑，感谢肯·厄克特使这本书的出版得到批准，感谢克里斯·玛尼帮助为这本书选定标题。

非常感谢 TLC 设计团队的塔米·德芙，是你的聪明才智、美好祝福、耐心沟通和出色才华创造出这本内外皆美的书。同时还要赞美她团队中的玛丽莎·杰克逊在封面设计上的一流表现和艾琳·史塔克的卓越审美，使这本书的内页设计也同样精彩。

感谢泰瑞·甘博亚、乔斯林·卡拉德、南茜·玛尼和罗丽尔·达瓦尔在早期给予的意见、努力和支持；感谢苏珊·约翰森帮我整理一门大学课程的内容，为我的最初创作阶段提供了重要的写作素材；感谢已故的迈克尔·贝尔克斯博士为这本书的创作大纲给予了帮助。

我由衷地感激阿芭·盖尔、罗丝、克里斯·劳卡思、柯柯曼、伊莎以及吉玛分享了他们的个人经历。

感谢西南佛罗里达作家联合会的大力支持，帮助我度过了写作本书最艰难的时期，其中特别要感谢我的老友汉娜·惠特菲尔德；还要特别感谢我的老师金妮·沃德，她在最初就对我的工作充满了极大热情，这也极大地感染了我，让我投入更多的热情到工作中。是你们使我成为一个更好、更快乐的作家。

感谢这么多年来的我的学生和来访者。你们迈过挫折沮丧、找寻和平与自由的意志和成功经历，激励我坚持写完了这本书。是你们的经历使这本书变得更加丰富。

最后还要特别感谢全世界原谅疗愈的研究工作者，他们使原谅在心理学和科学领域被更广泛地接受；感谢呼吁将原谅疗法更多地应用于解决实际伤痛的法律方面专业人士，以及全世界倡导在日常生活中广泛使用原谅疗愈的心理学家、治疗师和灵性专家。

授权许可

我非常感激获得以下版权内容的引用授权：

● 感谢弗雷德·鲁斯金博士授权引用《原谅的好处：健康和幸福的科学处方》一书。

● 感谢杰瑞·詹波斯基博士授权引用《冲出黑暗走向光明：内心疗愈的旅程》和《学会爱就够了：心态疗愈的十二条准则》。

● 感谢保罗·柯艾略授权引用《我坐在彼德拉河畔，哭泣》。

● 感谢小水洼舞者出版社授权引用马歇尔·卢森堡博士撰写的《非暴力沟通》。

● 感谢辛迪·冯福欣和大卫·史密斯授权引用卡罗琳娜·密斯编著的《精神结构》。

● 感谢露西·马森授权引用乔安·波利森科所著的《灵魂之火：心灵乐观主义的新心理学》。

● 感谢贝克出版集团的朱莉·诺德胡克授权引用乔治·里奇所著的《来自明天》。

附录

当我们的需求没有被满足的时候，我们的感受如何？

害怕	沮丧	尴尬	惊骇	孤独	畏惧
恼火	抑郁	怨愤	恐怖	发疯	动摇
激动	绝望	疲惫	敌意	刻薄	震惊
生气	失望	劳累	燥热	悲惨	多疑
焦虑	灰心	恐惧	受伤	紧张	抱歉
冷漠	反感	惊吓	急躁	无措	无神
遗憾	气馁	懊丧	无视	被动	惊讶
痛苦	讨厌	愤怒	不安	迷惑	怀疑
忧郁	不快	悲痛	恼怒	茫然	错愕
无聊	烦恼	愧疚	嫉妒	犹豫	麻烦
伤心	烦乱	仇恨	低沉	怨恨	忧愁
冰冷	消沉	沉重	沉闷	厌烦	不爽
困惑	惊惧	无助	倦怠	悲伤	担心

当你的需求被满足的时候，哪些情绪会表现出来？

喜悦	满足	热情	欢腾	平静	惊讶
惊奇	愉悦	振奋	感恩	愉快	温柔
感激	热切	坦荡	幸福	自豪	感谢
惊异	狂喜	欢快	顺心	安静	激动
极乐	兴奋	自由	欣慰	惬意	安宁
镇定	惊喜	友好	受鼓舞	满意	佩服
无忧	鼓舞	得意	欢喜	安心	美妙
欢乐	积极	高兴	有爱	体贴	
自信	享受	骄傲	乐观	如愿	

摘自马歇尔·卢森堡博士撰写的《非暴力沟通》